Kurt v. Haller:

Das Gesetz der kleinen Zahlen

Nach 47 Jahren
Liebe und Fürsorge
meiner geliebten Frau
Ulla gewidmet

Kurt v. Haller :

Das Gesetz der kleinen Zahlen

Wie sich der Zufall berechnen lässt

Soglio/Gr. 2004

Bibliografische Information der Deutschen Bibliothek

Kurt v Haller:
DAS GESETZ DER KLEINEN ZAHLEN
Wie sich der Zufall berechnen lässt

Norderstedt: 2004
IBSN 3 – 8334 – 0618 - 6

© Kurt v. Haller

Herstellung und Verlag: Books on Demand GmbH, Norderstedt

Gedruckt auf alterungsbeständigem Papier
Printed in Germany

Gliederung

Vorwort

Der Verfasser dieser Schrift ist kein Mathematiker. Dies soll als eine Ermutigung für alle motivierten und aufgeschlossenen Leser verstanden werden, die sich über eine neue und wichtige Grundlage der analytischen Statistik informieren wollen, die bis heute als solche nicht erkannt wurde.

Gelernt habe ich diese für die Wahrscheinlichkeitsrechnung und Statistik erforderliche Mathematik ebenfalls von einem Autodidakten, einem EDV- Mann der ersten Stunde: von Max Woitschach, dem seit 1961 langjährigen Leiter der Grundlagenforschung von IBM-Deutschland. Dieser verfasste in den Jahren 1968 bis 1986 insgesamt fünf Bücher über Zufall und Wahrscheinlichkeit und hat sich darin immer wieder mit den Problemen der ungleichen Häufigkeitsverteilung gleichwahrscheinlicher Zufälle auseinander gesetzt.

Woitschach stieß bei seinen statistischen Grundlagenforschungen auf eine Formel, die der große Mathematiker Jacob Bernoulli (1654 - 1705) in seinem Nachlaß hinterlassen hatte: Die Formel der *Binomialverteilung*, auch Bernoulli-Verteilung genannt. Sie wird jetzt 300 Jahre alt und ist doch in neuerer Zeit nur von ganz wenigen Spezialisten angewendet worden. Jahrhunderte lang hat sich ihrer niemand bedient, weil sie ohne moderne Rechenhilfsmittel für praktische Aufgaben nicht zu bewältigen ist. Die längste Zeit beschränkte man sich in der analytischen Statistik auf das Vordinglichste und Nächstliegende, verzichtet also auf weitergehende Berechnungen, weil sich diese als zu umständlich und aufwendig erwiesen. Gerade dies traf aber auf die meisten Probleme der *Wahrscheinlichkeitsrechnung* zu. So ist es dem Informatiker Max Woitschach zu verdanken, dass er mit Hilfe der von ihm wiederentdeckten Formel der Binomialverteilung zu bisher unbekannten Möglichkeiten der Berechnung von Zufallsereignissen vorstossen konnte.

Zwei günstige Voraussetzungen haben diese Entwicklung in den letzten 30 Jahren vorangebracht: die Verbreitung von Computern und die laienverständlichen Veröffentlichungen dieses außergewöhnlich befähigten Didaktikers Denn seither haben weite Kreise des interessierten Publikums nicht nur die in offener Sprache verfassten mathematischen Veröffentlichungen Max Woitschachs erreicht, sondern auch Personalcomputer den Zugang zu der meist ungeliebten Mathematik erschlossen.

Hochschulmathematiker nehmen nur mit großer Skepsis zur Kenntnis, dass sich heutzutage auch engagierte Laien mit mathematischen Problemen und Fragen der analytischen Statistik befassen. Dass dabei auch ein Aussenseiter auf ein bisher nicht entdecktes Gesetz stoßen kann, liegt offensichtlich außerhalb jeder seriösen Glaubwürdigkeit.

Wer sich aber fünf Jahrzehnte lang ernsthaft mit den Fragen des Zufalls, des Glücksspiels mit Wahrscheinlichkeitsmathematik beschäftigt hat, verfügt über genügend Erfahrung und Urteilskraft, um die Relevanz und Stichhaltigkeit seiner vorgestellten Ergebnisse und Theorien richtig einschätzen zu können. Die Berechnung bestimmter Zufallsereignisse ist nämlich nur über das Kriterium der naturgesetzlich *ungleichen* Häufigkeitsverteilung möglich. Dabei werden einerseits determinierte Ereignismengen vorausgesetzt, wie zB. beim Würfel die 6 verschiedenen Augen oder beim Roulett 37 unterschiedliche Zahlen. Wobei es sich jedes mal um gleichberechtigte, gleichwahrscheinliche Zufälle handelt. Andererseits beschränkt sich die Betrachtung immer nur auf relativ *kleine* Versuchstrecken.

Die Berechnung derartiger Zufallsereignisse mit unterschiedlicher Häufigkeit ist auf exakte Weise nur über die Formel der *Binomialverteilung* möglich. Weil man sich aber mit der recht komplizierten Berechnung der Formel sehr wenig beschäftigte – und zumeist auf die wesentlich einfachere Poissonformel zurückgriff, hat man von den Ergebnissen der Binomial-Verteilung kaum eine rechte Vorstellung.

Als ich nach der Weiterführung von Max Woitschachs Forschungen 1979 mein erstes Buch unter dem bewusst provokanten Titel *DIE BERECHNUNG DES ZUFALLS - Grundlagen der Roulettwissenschaft*herausbrachte und in einer Talkshow mit einem Ordinarius für Statistik und Ökonometrie über diese Fragen diskutierte, reagierte er auf das Stickwort *Binomialverteilung* nur mit einer gewissen Verwirrung und schweifte sofort zu einem anderen Thema ab. Ähnlich erging es mir beim Besuch eines Instituts für Mathematische Stochastik, als ich dem Professor meine „Analog-digitalen Tabellen der Häufigkeitsverteilung" für Roulettchancen – gerechnet nach der BIN-Formel, vorlegte. Auch hier ratloses Kopfschütteln.

Wer aber das Roulett-Modell nicht nach Bernoulli´s 300 Jahre alter BIN-Formel durchgerechnet hat, wird weder an die Möglichkeit einer Berechnung des Zufalls glauben, noch gar an ein sich hierbei offenbarendes *„Gesetz der kleinen Zahlen"*.

In meinen zuletzt erschienenen Büchern entwickelte ich eine spezielle Wahrscheinlichkeitsmathematik für das Roulett und versuchte deutlich zu machen, dass sich alle wichtigen Fragestellungen in diesem geschlossenen Bereich des Zufallsgeschehens mit Hilfe verschiedener Formeln berechnen lassen. So wurden dauerhafte Gewinnmöglichkeiten anvisiert und später auch nachgewiesen. Die Vertreter der etablierten Mathematik misstrauen nicht nur den behaupteten Gewinnen, sondern auch den angewandten Rechenverfahren.

Aus diesem Grunde halte ich es für notwendig, die Sicht der Dinge nun umzudrehen und von gesichertem statistischen Material empirischer Roulett-Ergebnisse auszugehen. Dadurch lässt sich der Nachweis erbringen, dass sich alle in diesem Glücksspiel auftretenden Zufallsereignisse nicht nur b e r e c h n e n lassen, sondern dass die Berechnungsergebnisse – naturnotwendig – auch mit den theoretischen Voraussagen genau ü b e r e i n s t i m m e n. Gleichzeitig wird dadurch auch noch bestätigt, dass Ergebnisse durch den Kugeleinwurf in den Roulettkessel denkbar korrekte Ketten von Zufallszahlen liefern.

Das Zufallsprinzip

Was ist Zufall?

Im Sinne der landläufigen Vorstellung und der alltäglichen Erfahrung ist ein *zufälliges* Ereignis zumeist etwas seltenes, das der gewohnten Ordnung und der gesetzmäßigen Entwicklung der Dinge entgegenläuft. In der Wahrscheinlichkeitsrechnung, die sich im wesentlichen mit Zufällen beschäftigt, müssen wir von dieser Vorstellung abgehen. Hier nämlich haben die zufälligen Ereignisse eine Reihe ganz charakteristische Eigenschaften, insbesondere treten sie bei *Massenerscheinungen* auf.

Unter Massenerscheinungen versteht die Wissenschaft solche Vorgänge, die aus einer großen Anzahl von gleich- oder fast gleichberechtigten Ereignissen bestehen. Der Gedanke, dass der Zufall *Gesetzen* unterworfen sein soll, ist vielleicht nicht sehr einleuchtend für den, der an die blinde Herrschaft von Glück und Unglück glaubt. Die Wissenschaft vom Zufall – das ist die Summe aller Wahrscheinlichkeitstheorien – leugnet auch keineswegs die Möglichkeit eines individuellen Glücksfalls oder gar den Wert einer Vorahnung. Doch über den Ausgang eines *einzelnen* Zufallsereignisses lässt sich deshalb niemals eine bindende Aussage machen, weil beide Begriffe sich logisch ausschließen.

Alles Zufällige spiel sich im Raum des Möglichen ab. Das "*Wahrscheinliche*" aber enthält immer die Einschränkung des Zufalls. Was aber ist *„wahrscheinlich"?* Kant sagt in einem oft zitierten Satz: *„Wahrscheinlich ist dasjenige, was für wahr gehalten, mehr als die Hälfte der Gewissheit auf seiner Seite hat".* Damit ist die Möglichkeit der mathematischen Aussage angesprochen. Ohne Berechnung werden wir also die Probleme nicht lösen können.

Damit begeben wir uns auf das Gebiet der *„Stochastik".* Schon in der Frühzeit der Wahrscheinlichkeitsrechnung wurde diese Bezeichnung von einem Mitglied der bedeutenden Mathematikerfamilie Bernoulli geprägt. In der zweiten Hälfte des letzten Jahrhunderts erfuhr der Begriff eine Wiederbelebung. Günther Menges schreibt in seinem *Grundriß der Statistik,* der sich mit ihrer Theorie befasst: „Alles, was auf der Wahrscheinlichkeitsrechnung aufgebaut ist oder sonst wie mit ihr zu tun hat, bezeichnet man als *Stochastik*. Insofern ist dieses Spezialgebiet der Mathematik auch die „Wissenschaft zum Zufall", weniger was seine U r s a c h e n , als vielmehr, was seine W i r k u n g e n betrifft.

Natürlich war es immer das Bestreben nachdenklicher Menschen, dem Zufall auf die Schliche zu kommen. So gehört seit undenklichen Zeiten die Berechnung von Wahrscheinlichkeiten zu den Beschäftigungen kluger Geister. Würfelspiele gab es schon 400 v.Chr. Das Spiel um Geld mittels Werfen einer Münze ist gewiß noch älter. Im Zusammenhang mit Glücksspielen unternahm man schon in der Renaissance Versuche zur Berechnung zufälliger Ereignisse. So stammt das Wort „Hassard" aus einer eigentümlichen Abschätzung des Erwartungsgrades einer bestimmten Anzahl von Augen beim Würfeln. Das arabische Wort *Asar* bedeutet „schwierig". Mit diesem Wort bezeichnete man die Kombination von Augen, die mit 3 Würfeln nur auf eine Weise möglich ist: 3 oder 18 Augen.

Eine richtige Wahrscheinlichkeitsrechnung begann aber erst in der Mitte des 17.Jahrhunderts mit den Forschungen von drei Franzosen: dem reichen Aristokraten Chevalier de Meré, mit Blaise Pascal und Pierre de Fermat. Pascals Hauptinteresse waren Philosophie und Religion. Fermat war von Beruf Jurist. Bekannt geworden ist er vor allem als einer der bedeutendsten Zahlentheoretiker, der sich abends nach den Ratssitzungen diesem Spezialgebiet widmete. Chevalier de Meré, der ein leidenschaftlicher Glücksspieler war, legte Pascal eine Aufgabe vor, mit der er sich lange herumgequält hatte und die für ihn praktische Bedeutung hatte. Pascal löste diese Aufgabe und teilte sie Fermat in einem Brief vom 29.Juli 1654 mit, der dessen und seine eigene Lösung an den bekannten Mathematiker Huygens weiter gab.

Es besteht kein Zweifel, dass die hervorragenden Gelehrten, die sich mit den mathematischen Problemen des Zufalls, in konkreter Form also mit Fragen des Glücksspiels befassten, schon damals die wichtige Rolle jener Wissenschaft voraussahen, die später als *Wahrscheinlichkeitsrechnung* bezeichnet wurden. Alle diese Gelehrten waren sich einig, dass sich bei massenhaften zufälligen Ereignissen klare Gesetzmäßigkeiten heraus-bilden. Aber die Zeit war noch nicht reif, die Begriffe und Methoden der Wahrscheinlichkeitsrechnung exakt zu formulieren. So wurden ausschließlich elementare arithmetische und kombinatorische Methoden verwendet. Heute sind die Bereiche Wahrscheinlichkeitsrechnung, Statistik und die moderne „Theorie der Spiele" exakte Zweige der Wissenschaft. Und - das sagte nach Kant auch Marx: „Eine Wissenschaft ist erst dann wirklich entwickelt, wenn sie dahin gelangt ist, sich der Mathematik bedienen zu können." Der berühmte Mathematiker Pierre Simon Laplace (1749 bis 1827) sagte über die Wahrscheinlichkeitsberechnung: „Es bemerkenswert, dass eine Wissenschaft, die mit der Betrachtung der Spiele begann, sich zum bedeutendsten Gegenstand der menschlichen Erkenntnis entwickelt hat." Gemeint sind damit vor allem Glücksspiele, mit denen sich Menschen – oftmals unter Einsatz von Geld – seit undenklichen Zeiten beschäftigt haben.

Bevor wir uns mit der interessanten Frage der „Zufallserzeugung" beschäftigen, wollen wir uns einen Überblick über die unterschiedlichen Arten von Spielen verschaffen, um dann ausführlicher auf Glücksspiele einzugehen.

S p i e l e - systematisch betrachtet

F.G.Jünger teilt in seinem Buch *Die Spiele (1959)* alle Arten von Spielen nach ihrem Entstehungsgrund in folgender Weise ein:

> auf Zufall abgestellte Glücksspiele
> auf Geschicklichkeit abgestellte Geschicklichkeitsspiele
> auf Ahmung abgestellte vor- und nachahmende Spiele.

Zu jedem Spiel gehört die Freiheit, es zu unterlassen oder sich seinen Regeln zu fügen. Überläßt man die letzten Entscheidungen dem Zufall, so liegt ein *Glücksspiel* vor. Hier regiert der *Zufall* im Raume des Möglichen, des Unerwarteten, nicht Vorhersehbaren. In dieser Unbestimmtheit liegt der „Spielraum", der zum Wesen des Glücksspiels gehört und der auch seinen Reiz ausmacht.

Natürlich erfordert jede Art Spiel, also auch Glücksspiel, gewisse Regeln, die zwar eingehalten werden müssen, aber doch immer gewisse Möglichkeiten der freien Wahl offen lassen. Damit der Zufall das Spiel entscheiden kann, muß er in dessen räumlichen und zeitlichen Grenzen verfügbar und wiederholbar sein. Wesentliche Reize des Roulettspiels liegen darin, dass man eine verhältnismäßig große Auswahl innerhalb unterschiedlich hoher Chancen hat, daß man das Risiko des Einsatzes in einem breiten Spielraum frei bestimmen kann, daß alle Teilnehmer den Zufallsentscheid selbst beobachten können und daß er sich innerhalb weniger Minuten stets von neuem vollzieht. Bei keinem Glücksspiel kann die Bedeutung des Zufalls so gut beobachtet werden, wie beim Roulett.

Es gibt auch unter den Karten- und Brettspielen reine Glücksspiele. Letztere sind jene, bei denen meist Würfel das Voranschreiten der Figuren auf dem Spielbrett entscheiden. Zwischen Start und Zielpunkt können Felder liegen, die mit besonderen Schikanen oder Belohnungen verbunden sind, zB. „noch einmal würfeln, 6 Felder vorrücken, einmal aussetzen oder von einem nachfolgenden Spieler herausgeschmissen zu werden. Das bekannteste dieser Glücksspiele ist *Mensch ärgere Dich nicht.*

Im Gegensatz zu den auf Zufall abgestellten Glücksspielen gibt es aber auch auf individuellen Fähigkeiten beruhende *Geschicklichkeitsspiele.* Ob die Fähigkeiten der Teilnehmer größer oder geringer sind, das füllt hier den Spielraum aus. Denn bei Geschicklichkeitsspielen werden die Entscheidungen nicht von einem Zufallsmechanismus gesteuert, sondern von der spielenden Person getroffen. Jede ihre Handlungen unterliegt dem Anspruch auf Qualität. In den Augen des Mathematikers ist es weder gut noch schlecht, ob jemand beim Roulettspiel auf „Gerade" oder Ungerade" setzt, sagt Vogelsang, der Zufall entscheidet über Gewinn oder Verlust. Wenn aber jemand beim Schachspiel eine Figur bewegt, so ist sein Zug schwach oder stark. Das Urteil ist grundsätzlich (sofort oder später) möglich.

Die eigentliche mathematische „Theorie der Spiele", die neuerdings mit wissenschaftlicher Exaktheit immer weiter ausgebaut wird (Koken, Bewersdorff), kennt aber auch „gemische" Spieltypen. Diese begegnen uns überall dort, wo Zufall mit Geschicklichkeit vereint werden. Zu diesem Spieltyp gehören die meisten Kartenspiele: Über die Verteilung der (gemischen) Karten entscheidet zunächst der Zufall. Beim Ausspielen (oder schon beim „Reizen") kommt es jedoch zu vernünftigen Überlegungen. Beide Bestandteile kommen in beliebigen Mischungsverhältnissen vor. Und man kann mit Recht sagen: je mehr Geschicklichkeit vom Spiel verlangt wird, umso schwieriger ist es zu spielen. Die Palette der gemischten Spieltypen reicht vom Rommé oder Canasta bis zu Scharfsinn erfordernden Kombinationen im Skat und Bridge.

Interessant ist in diesem Zusammenhang ein 1964 erschienener Bericht , wonach ein junger amerikanischer Mathematik-Professor namens Thorp das als reines *Glücksspiel* deklarierte Kartenspiel „Black Jack" - im deutschen auch als „17 und 4" bekannt – mit Hilfe des Computers zu analysieren verstand. Auf diese Weise gelang es ihm, eine Spielbank in Las Vegas innerhalb weniger Tage um viele hunderttausend Dollar zu erleichtern. Die Spielcasinos sahen sich daraufhin gezwungen, die Spielregeln für Black Jack zu ändern.

Eine Sonderstellung könnte man dem *Pokerspiel* zubilligen, weil hier zum Erfolg ein kaltblütiges Irreführen des Gegners gehört, das so genannte „Bluffen". Ohne Zweifel aber darf man diese Fähigkeit als psychologische *Geschicklichkeit* werten. Und schließlich könnte man sogar die Fußballwetten zu den gemischten Spieltypen hinzurechnen, weil die Einschätzung der einzelnen Fußballmannschaften beim Wett-Teilnehmer ein bestimmtes Maß an Wissen und Kenntnissen voraussetzt.

Halten wir fest: Ein Geschicklichkeitsspiel erfordert neben Geduld auch Intelligenz und Übung, die in gewissem Umfang erlernbar ist: man kann versuchen, bessere Spieler nachzuahmen. Im Glücksspiel dagegen entscheidet vom Prinzip her der Zufall. Das reine Glücksspiel unterliegt in den meisten Staaten – soweit es überhaupt erlaubt ist – einer strengen behördlichen Aufsicht und einer hohen Gewinnbesteuerung. Öffentlich angebotene Geschicklichkeitsspiele dagegen, bei denen in der Regel auch nur geringe Geldeinsätze gewagt werden können, genießen nach erfolgter amtlicher Begutachtung und Einstufung die weitaus größere Verbreitung. Das Spielen selbst darf hier ohne behördliche Aufsicht erfolgen.

Wer bei der Beteiligung am *Geschicklichkeitsspiel* keine ausreichende Geschicklichkeit besitzt, kann die Entscheidung dem Zufall überlassen. Dem versierten Geschicklichkeitsspieler wird er aber immer unterlegen sein. Wer dagegen das *Glücksspiel* „ohne Glück" betreibt, verliert, weil er ein „Pechvogel" ist.

Wem es aber gelingt, im Glücksspiel im Rahmen des Erlaubten *Geschicklichkeit* einzusetzen, was hier nur im Bereiche von Sinnes-wahrnehmung, intellektueller und charakterlicher Fähigkeiten verstanden werden kann, der darf einige Hoffnung haben, unter Einsatz ausreichender finanzieller Mittel auch dem Spiel mit dem *Zufall* sogar Gewinne abzutrotzen.

Auf der folgenden Seite findet der Leser noch einen kleinen Überblick über die kategorischen Unterschiede einiger der bekanntesten Spieltypen. Es handelt sich wohlgemerkt um eine sehr grobe Einteilung nach den entscheidenden Kriterien „*Geschick*" oder „*Glück*", obwohl im Einzelfalle jeweils feinere Abstufungen, aber auch – mathematisch begründete - abweichende Theorien vorliegen, deren Richtung durch >> angedeutet wird.

Die Systematik der Spiele

Glücksspiele	gemischte Spieltypen	Geschicklichkeitsspiele
Mensch ärgere Dich nicht	Backgammon	Schach
		Go
mit einem Würfel	mit mehreren Würfeln	Dame / Mühle
Baccarat	Canasta	Halma
17 und 4 / Black Jack	Rommé	
	Skat	
	Bridge	
Zahlenlotto 6 aus 49 >>		
Roulett >>>>	>>>	Poker
		Münzautomaten-Spiele

>> bedeutet: Jenseits der kategorischen Einteilung in Glücks- oder Geschicklichkeitsspiele besteht nach Auffassung moderner Autoren die theoretische Möglichkeit, die Gewinnchance positiv zu beeinflussen:

Woitschach spricht in seinem Buch *Strategie des Spiels* von einer Möglichkeit, durch besondere Auswahl der Nummern im *Zahlenlotto* die Treffer- und Gewinnausschüttung zu verbessern.

Der Verfasser legt in seinem Buch *Des Zufalls unbekanntes Wesen* dar, wie sich aufgrund berechenbarer Ungleichverteilung im Spiel auf Favoriten im *Roulett* per Saldo ansehnliche Gewinne erzielen lassen.

Wie erzeugt man Zufälle?

Die Grundlage aller Glücksspiele ist der *Z u f a l l*. Tritt das erhoffte Zufallsereignis bzw. der Treffer ein, so spricht man von „Glück", bleibt das erwartete Ergebnis aus, so hat der Spieler „Pech". Immer dann also, wenn die Entscheidung über den Fortgang oder den endgültigen Ausgang eines Spieles dem Zufalls überlassen bleibt, handelt es sich kategorisch um ein reines *Glücksspiel* .In der Unbestimmtheit des nicht Vorhersehbaren liegt der „Spielraum", der zum Wesen des Glücksspiels gehört und der auch seinen Reiz ausmacht.

Damit der Zufall das Spiel entscheiden kann, muß er in dessen räumlichen und zeitlichen Grenzen verfügbar und wiederholbar sein. Das Zahlenlotto 6 aus 49 ist zB. ein öffentlich veranstaltetes Spiel, das in Deutschland nur 2 mal wöchentlich ausgespielt wird. Hier muß sich also der Spieler bis zu jenem Mittwoch oder Samstag gedulden, wenn die Zahlen in der Trommel vor den Augen der Fernsehkamera gezogen werden. Bei Roulettspiel liegt der wesentliche Reiz nicht nur darin, dass man einerseits eine verhältnismäßig große Auswahl innerhalb unterschiedlich hoher Chancen hat und das Risiko des Einsatzes in einem breiten Spielraum selbst bestimmen kann, und andererseits alle Teilnehmer den Zufallsentscheid selbst beobachten können und dass er sich innerhalb weniger Minuten stets von neuem vollzieht. Bei keinem Glücksspiel kann die Bedeutung des Zufalls so gut beobachtet werden, wie beim Roulett, sogar ohne dass der Beobachter am Spiel teilnimmt.

Das entscheidende Kriterium für öffentlich veranstaltete Glücksspiele ist die zuverlässige Gewährleistung des *Zufalls*. Diese wird im allgemeinen durch einen Mechanismus erzeugt, dessen mögliche Ergebnisse zwar bekannt sind, ohne dass jedoch die Entscheidung im *Einzelfalle* vorausgesagt werden kann. Belanglos dabei ist, ob dieser Zufallsmechanismus durch einen Mitspieler betätigt wird, der zB. die Karten mischt oder den Knobelbecher schüttelt, oder ob es ein unbeteiligter Spielleiter tut, wie der Drehcroupier beim Roulett.

Der Teilnehmer bei Glücksspielen hat sich immer auf Tätigkeiten zu beschränken, die nicht den Ausgang des Spiels in seinem Sinne beeinflussen können. Theoretisch könnte er sogar die Kugel einwerfen. Begreiflicherweise sind aber die Spieler doch genau so wie die

Bankhalter daran interessiert, dass der korrekte Einwurf der Kugel unter gleichzeitig gegenläufigem Anschwingen der Roulettscheibe nur von geschultem Personal nach festen internationalen Regeln ausgeführt wird, um die mechanischen Ausgangsbedingungen der Zufallsentscheide so konstant wie möglich zu halten. Das mag wie ein Widerspruch klingen, bietet aber in Wahrheit die Gewährleistung der „sauberen" Verwirklichung des Zufalls.

Neuerdings haben wir aber schon ein großes Angebot an Internet-Casinos, die fast durchweg mit elektronischen Zufallsgeneratoren arbeiten. Hier wurden zwar von Spielteilnehmern wiederholt ernsthafte Zweifel angemeldet, ob im Einzelfall nicht die Möglichkeit einer Manipulation gegeben ist, die sich theoretisch nicht ausschließen lässt. Denn hier spielt jeder einzelne Spielteilnehmer allein gegen den Computer bzw. dessen Random - Generator. Ein von mir iniziierter Test, bei dem 4 Internet-Teilnehmer mithilfe geeichter Uhrzeiteinstellung alle gleichzeitig bei voller Minute die Kugel abfahren ließen, brachte keinerlei Übereinstimmung, also keinen Hinweis auf eine zentrale Permanenz-Generierung.

Darüber hinaus geben die von vielen Spielbanken veröffentlichten Folgen der von der Kugel getroffenen Zahlen, die so genannten Permanenzen, anschaulich Aufklärung über das Walten des Zufalls im Wechsel der Zahlen zwischen 0 und 36 und aller dazwischen liegenden einzelnen Chancenkombinationen. Solche Permanenzen wurden bis Ende der 80er Jahre mitgeschrieben und angedruckt, jetzt aber werden sie durch einen Scanner elektronisch erfasst.

Dadurch wird es den Spielbanken möglich, die gefallenen Nummern (Coups) jedes einzelnen Tisches separat in einem zentralen Computer zu speichern und auf Wunsch eines Kunden auch ausdrucken zu können. Inzwischen ist es schon bei vielen Casinos die Regel, dass man ganze Permanenzjahrgänge auf CD-Rom anfordern oder aus dem Internet abrufen kann.

An dieser Stelle muss noch auf eine viel diskutierte Frage eingegangen werden: Sind elektronisch oder durch einen Algorithmus erzeugte Random-Zahlen überhaupt für einen fairen Spielablauf tauglich? Nach meiner 20jährigen Erfahrung mit PC-Randomfunktion sind die Ergebnisse in keiner Hinsicht zu beanstanden. Es sei denn, man würde die Wahrnehmung bemängeln, dass RND-Permanenzen einen „saubereren" Zufall erzeugen, als manche, vor allem ältere authentische Permanenzstrecken aus physikalischer Quelle. Wie sicher man sich auf das Random moderner PCs verlassen kann, werden wir in verschiedenen Zusammenhängen noch glaubhaft machen.

Es gibt aber trotzdem einen akademischen Dissens über die Qualität von „echten" Zufallszahlenfolgen im Unterschied zu so genannten (elektronisch erzeugten) „Pseudozufallszahlen". Clarius spricht in seinem neuen Buch *Roulette-Gewinnsysteme* davon, dass die in den Online-Casinos erzeugten Random-Zahlen „Pseudozufallszahlen seien, die bei größeren Coupfolgen eine signifikante Abweichung von der mathematischen Statistik ergeben".

Ich will hier nicht weiter auf den beliebten Streitpunkt der Qualität von Zufallszahlen eingehen, sondern ganz pragmatisch die These aufstellen: Für uns ist es in diesem Zusammenhang irrelevant, für Roulettprobleme solcherlei begriffliche Unterscheidungen anzustellen. Und zwar aus zwei praktischen Gründen:

> erstens erstreckt sich jedes Spiel, das ein Spieler innerhalb eines Tages absolvieren kann, auf eine relativ *kurze* Strecke von Permanenzzahlen, die ohnehin erheblichen Schwankungen unterliegen und keine Unterscheidung zwischen beiden Qualitäten zulässt, und

> zweitens unterliegt jede sinnvolle Strategie gegen den Zufallsentscheid allein einem *„Gesetz der kleinen Zahlen"*, das erst in einem späteren Kapitel ausführlich erläutert werden wird.

Über diese zuletzt genannten Stichworte *Zufallszahlen* und *Pseudozufallszahlen* wird seit längerem eine Meinungsverschiedenheit ausgetragen, die im Bereich der Glücksspielproblematik praktisch bedeutungslos ist und in meinen Augen eher ein gewisses Mass an wirklichkeitsnahem Denken vermissen lässt.

Das Roulett – Modell und seine mathematisch-theoretischen Grundlagen

In der folgenden Betrachtung richten wir unser Augenmerk allein auf die rein zufallsabhängigen *Glücksspiele,* und wohlgemerkt nur auf jene Typen, die den Zufall bei jedem neuen

Versuch unter *g l e i c h b l e i b e n d e n* Bedingungen verwirklichen.

Auf diese wichtige Voraussetzung kann nicht deutlich genug hingewiesen werden.

Hier gibt es aus wahrscheinlichkeits-mathematischer Sicht einen wesentlichen Unterschied, erläutert an dem bekannten Urnen-Modell:

Legt man die aus einer Urne gezogenen - unterschiedlich markierten - Kugeln *beiseite*, so fällt dies unter die Kategorie des Lottos und der Spielkarten. Hier also kann jedes unterschiedliche Zufallsmerkmal nur ein einziges Mal auftreten.

Wird dagegen die gezogene Kugel wieder *zurückgelegt,* so gehört dieses Zufallsprinzip zur Kategorie des Würfels und des *Rouletts*. Hier kann sich das Zufallsmerkmal in theoretisch unbegrenzter Anzahl wiederholen.

Nur das zweite Prinzip hat für unsere weiteren Betrachtungen Bedeutung. Die mathematische Erklärung dazu geben wir im folgenden Kapitel.

Das über zwei Jahrhunderte alte französische *Roulett* dient uns aus vielerlei Gründen als ideales Modell für alle weiteren statistischen und mathematischen Erörterungen. Nur zur Erleichterung der wahrscheinlichkeitsmathematischen Betrachtungen werden wir gelegentlich auf das übersichtlichere Modell des Würfels zurückkommen, das schon den früheren Mathematikern des 18.Jahrhunderts und auch Jacob Bernoulli als Anschauungsmittel gedient hat.

Das „Roulett" als das „königliche" unter allen Glücksspielen darf als bekannt vorausgesetzt werden. Als „klassisch" wird dieses Spiel deshalb bezeichnet, weil es sich in seinem intelligenten Aufbau, seiner Systematik und seiner Zufallserzeugung in idealer Weise zum Verständnis des Zufalls eignet. Folglich ist das Roulett auch ein vorzüglich geeignetes Modell zur Darstellung von Wahrscheinlichkeiten, aber nicht etwa wegen seiner konstruktiven Gestaltung, sondern wegen der Zahl der Chancen. Eine Münze mit ihren zwei Seiten und ein Würfel mit seinen sechs Flächen können uns zwar schon manches über Wahrscheinlichkeiten lehren, jedoch ist das Roulett mit seinen 37 Zahlen besonders aussagekräftig.

Zugleich aber sind diese 37 Zahlen immer noch gut überschaubar, während beispielsweise 365 Tages des Jahres bereits zu zahlreich sind, um noch gedankliche Betrachtungen daran anknüpfen zu können.

Leider aber wird, sobald in einer wahrscheinlichkeits-mathematischen Erörterung das fatale Stichwort „Roulett" auftritt, sein Verfasser von den meisten Mathematikern oftmals mit einem mitleidigen Lächeln abgetan. Denn das Roulettspiel assoziiert Worte wie ´ruinöse Spekulation´, ´Selbstbetrug´ und ´mathematische Utopie´. So gilt es in den Augen exakter Wissenschaftler als zwecklos, also reine Papier- und Zeitvergeudung, sich heute noch mit diesem Thema zu befassen. Dies ist die „Wahrheit" der noch heute gültigen wissenschaftlichen Auffassung. Wer im Roulett-Prinzip zu anderen Erkenntnissen kommt, dh. wer es wagt, die Möglichkeit einer Vorhersage von Zufallsereignissen zu behaupten, unterliegt nach Auffassung der Mathematiker einem „tragischen Irrtum", kann also nicht ernst genommen werden.

So hat auch Woitschach anfangs schamhaft nur von einem 36er-Roulett gesprochen, penibel bemüht, dieses kompromittierende Stichwort aus der theoretischen Erörterung herauszuhalten und sich auf allgemeine wahrscheinlichkeits-mathematische Grundlagen zu beschränken. Aber gerade dann, wenn die plastische Vorstellung und die konkrete Begriffswelt fehlt, wird die Behandlung des Problems in höchst unwillkommener Weise abstrakt.

Blaise Pascal - der Vater des Rouletts ?

An dieser Stelle muß auf eine weit verbreitete Überlieferung eingegangen werden, nämlich dass wir die Erfindung des Rouletts dem
bedeutenden Naturwissenschaftler Blaise Pascal zu verdanken hätten.
Denn so weit sich die einschlägige Roulett-Literatur zurückverfolgen
lässt, wird das aus Frankreich stammende Roulettspiel immer mit dem
Namen Pascals in Verbindung gebracht. Spätestens seit dem der
Ordinarius für Mathematik der ETH Zürich, Prof. Dr. Hans Loeffel
seine Werkbiographie über das Genie Blaise Pascal (1623-1662) vorgelegt
hat, stellt sich diese Urheberschaft als *Irrtum* heraus:

Pacal arbeitete über *projektive Geometrie,* das nach ihm benannte
arithmetische Dreieck, über *Wahrscheinlichkeits- und Infinitesimalrechnung,*
über *Wissenschaftstheorie* und *Physik.* Da es aber einen Roulettapparat
damals noch nicht gab, konnte er damit auch noch nicht
experimentieren.

Schon als 22jähriger stellte Pascal den Prototypen einer selbst
entwickelten Rechenmaschine vor, mit der sein Vater als
Steuereinnehmer leichter arbeiten konnte. In vielerlei Hinsicht
bedeutungsvoll war für ihn die Begegnung mit dem reichen Chevalier de
Méré, der in den vornehmen Pariser Salons verkehrte, wo man
Glücksspiele verschiedenster Art betrieb. Die hierbei auftretende
Probleme in der Bewertung von Chancen bei unsicheren Ereignissen trug
Méré – wie schon erwähnt - an den mathematisch versierten Blaise
Pascal heran, der für die scheinbar einfachen Probleme eine Lösung
fand, die beim *Würfelspiel* einerseits und beim sog. *Teilungsproblem* (dh.
der Gewinnaufteilung) andererseits auftreten können.

Heute wird jener Brief vom 19.Juli 1654, worin Pascal seinem Freund
Fermat einen mathematischen Wissenszweig ankündigte, welcher die
„*Verteilung des Zufalls*" zum Gegenstand hatte, als die Geburtsstunde
der "*Wahrscheinlichkeitsrechnung*" bezeichnet.

Zukunftsweisend war die Aussage Pascals, dass eine *Géometrie du
hassard* für die Erfassung von Gesetzmässigkeiten im Bereich des
Zufalls entscheidend m e h r leistet, als das bloße Experiment. Im

Zusammenhang mit dieser Wahrscheinlichkeitsberechnung stand eine grossangelegte Studie über das *arithmetische Dreieck*, das heute seinen Namen trägt. Dieses *„Pascalsche Dreieck"* machte er zur Grundlage für die *Kombinatorik*, das *Potenzieren eines Binoms* und das *Teilungsproblem* im Bereich der Glücksspiele.

Pascals Lösungsmodelle bezogen sich aber allein auf Münzwurf und Würfel. Vom Roulett als Glücksspiel ist in keinem seiner Schriften die Rede. An der Lösung der scheinbar einfachen Frage, in welchem Verhältnis gemäss Punktdifferenz der Gesamteinsatz unter zwei Spielern gerechterweise aufzuteilen sei, waren die führenden Mathematiker der italienischen Renaissance noch gescheitert. Pascals Lösung beruhte auf dem Prinzip des erwarteten Gewinns, heute als *Erwartungswert* bezeichnet.

Später wandte sich Pascal der *Infinitesimalrechnung* zu. J. von Neumann, einer der hervorragendsten Mathematiker des 20. Jahrhunderts, bezeichnete die Infinitesimalrechnung als den Anfang der modernen Mathematik. „Es ist schwer, ihre Bedeutung zu überschätzen, denn sie bildet den größten Fortschritt im exakten Denken".

Zu diesem speziellen und sehr komplizierten mathematischen Zweig gelangte Pascal über die sog. *projektive Geometrie:* Rollt ein Kreis (reibungslos) auf einer Geraden ab, so beschreibt ein fester Punkt seiner Peripherie eine sog. *Zykloide* oder R o u l e t t e (Rollkurve), wie man im 17. Jh. auch sagte. Diese Kurve fand in jener Zeit unter allen Fachleuten besondere Aufmerksamkeit, weil sie aus kinematischer Sicht eine direkte Konsequenz aus den Figuren „Kreis" und „Gerade" darstellt, die seit Platon und Euklid im Mittelpunkt der geometrischen Forschung standen.

1658 veranstaltete Pascal unter Pseudonym ein „Preisausschreiben", um die Probleme für die *Zykloide* zu lösen. Weil keiner der Einsender eine zufriedenstellende Lösung anzubieten vermochte, veröffentlichte Blaise Pascal - wenige Monate später - seine eigene Lösung unter dem Titel

„Traité generale de la Roulette".

Damit war in Spielerkreisen schon im späten 18. Jahrhundert die Legende geboren, Pascal habe der Nachwelt eine Abhandlung über das „Roulettspiel" hinterlassen. Hier also liegt die Wurzel jenes in Spielerkreisen so hartnäckig verbreiteten Irrtums, der nun für immer ausgeräumt werden sollte. Auch ich selbst bin dieser geschichtlichen Legende zum Opfer gefallen, als ich 1979 in meinem ersten Buch

„DIE BERECHNUNG DES ZUFALLS - Grundlagen der Roulettwissenschaft
das Gerücht weitergegeben hatte, dass bereits   Pascal mit einem
Roulettkessel experimentiert habe, der   damals aber noch gar nicht
bekannt war.

Trotz allem schmälert dies nicht im geringsten Pascal´s Genie, zumal er
eben für die Nachwelt auch entscheidende Beiträge zur Entwicklung der
Spieltheorie und Wahrscheinlichkeitsmathematik geliefert hat.

Wahrscheinlichkeitsmathematik und Statistik

Um die Bedeutung der Statistik als Zweig wissenschaftlicher Methodik richtig zu erfassen, müssen wir zuerst wissen, was *Mathematik* überhaupt ist? Die Mathematik ist nämlich gar nicht, wie allgemein behauptet und geglaubt wird, die „Wissenschaft der ewigen Wahrheiten". Die Mathematik ist einfach ein System, das auf einigen Prämissen logisch aufgebaut ist und keine Widersprüche in sich enthält. Alle so genannten exakten Wissenschaften bedienen sich der Mathematik nicht etwa deshalb, weil sie ohne diese weniger exakt wären, sondern weil sie sich durch die Mathematik eine Einfachheit und Klarheit verschaffen, die ohne sie schwer möglich wäre.

Die *Statistik* dagegen ist nur eine Hilfswissenschaft der Mathematik, nämlich eine Methode zur Untersuchung von Massenerscheinungen. Ihre mathematische Grundlage und Rechtfertigung findet die Statistik einerseits in der Wahrscheinlichkeitsrechnung und andererseits im *Gesetz der großen Zahlen*.

Die wichtigste Prämisse der Wahrscheinlichkeitsrechnung, also ihre theoretische Grundlage ist die *Gleichwahrlichkeit* aller möglichen Ereignisse, also der Z u f a l l . Unter der Voraussetzung dass die Wahrscheinlichkeiten bei unabhängigen Zufallsereignissen aus der Natur der Sache heraus als bekannt betrachtet werden dürfen, erlaubt die Wahrscheinlichkeitsrechnung gewisse Voraussagen darüber, welche Ereignisse man bei der Wiederholung (oder auch Kombinierung) von Versuchen erwarten darf. Und in der Praxis kann man dann die (einer Gesamtheit von Erscheinungen innewohnenden) Zufallseigenschaften nach bestimmten Regeln auch auf Stichproben von meist sehr viel kleinerem Umfang übertragen. Aber die für die Statistik besonders wichtige Stichprobentheorie ist nicht unser Thema.

Ist jedoch die vorausgesetzte Gleichmöglichkeit der Fälle n i c h t gegeben und gewährleistet, so hat die theoretische Wahrscheinlichkeitsrechnung auch keinen Sinn. Wir müssen dann als erstes einfach beobachten, registrieren und auswerten. Dieses wissenschaftliche Vorgehen umfasst das Wesen der *beschreibenden Statistik* .

In der *analytischen* Statistik dagegen handelt es sich praktisch um die umgekehrte Aufgabe: die aus einer Stichprobe entnommenen zufallsartigen Ereignisse gestatten Rückschlüsse auf Mengen größeren Umfangs. Man denke dabei an die so genannten Hochrechnungen in den Fernsehprogrammen nach Abschluss der Parlamentswahlen. Aus den hierbei wirksamen mathematischen Prinzipien ergeben sich im Falle von Ungewissheit bestimmte Methoden, Ergebnisse vorauszusagen.

Der Laie verbindet mit dem Begriff „Statistik" im allgemeinen recht nebelhafte und oft unangenehme Vorstellungen von irgendwelchen Zahlen, mit denen sich dieses oder jenes so oder so beweisen lässt. Hinzu kommt das weit verbreitete Misstrauen gegenüber jeder Art von Statistik, das ebenfalls zum grössten Teil fachlichem Unverständnis entspringt. Heute werden die beiden wissenschaftlichen Disziplinen „Wahrscheinlichkeitsrechnung" und „Statisitk" unter dem schon früher geprägten, zwischenzeitlich verschütteten Begriff *Stochastik* zusammengefasst. Ihre Anwendungen sind in fast allen Zweigen des modernen Lebens, besonders in Naturwissenschaft, Wirtschaft, Technik, Politik und Soziologie von großer Bedeutung geworden.

Heute begnügt sich die Statistik dabei längst nicht mehr mit der bloßen Aufzählung numerischer Tatsachen. In diesem Sinne ist Statistik eine Zusammenfassung von Methoden nicht nur zur Sammlung, sondern auch zur *Analyse* von Daten, mit deren Hilfe Entscheidungen getroffen werden können. Sie ist daher ein Zweig der wissenschaftlichen Methodik, deren Phänomene mit Zahlen beschrieben werden können. Wenn hier die Zahl der untersuchten Einzelfälle genügend groß ist, werden die zufälligen Abweichungen aufgehoben und die typischen Zahlenverhältnisse kommen zum Vorschein. Allerdings: diese gewonnenen Zahlenwerte *können*, aber sie *müssen nicht* unbedingt mit den theoretischen Werten der Wahrscheinlichkeitsrechnung übereinstimmen.

Wenn man sich bei Massenerscheinungen zB. im Bereich des Glücksspiels in einem festen Ereignisraum bewegt - wie in unserem Roulett mit 37 Möglichkeiten - dann wird in der herrschenden Lehre die einseitige Fixierung der analytischen Statistik auf das vergleichsweise triviale *Gesetz der großen Zahlen* deutlich.

Grundlagen der Wahrscheinlichkeitsrechnung

Kann das Glück, kann der Zufall berechnet werden? Auf diese uralte Frage münden ja alle Versuche hinaus, Zufallsereignisse mit mathematischen Mitteln einer Gesetzmäßigkeit zu unterwerfen. Daher sind Gegenstand der Wahrscheinlichkeitsrechnung nach allgemeiner Auffassung solche Vorgänge, die im einzelnen nicht durchschaut und – aus subjektiver Sicht - nicht berechnet werden können.

Versucht man den Begriff der Wahrscheinlichkeitsrechnung genau zu definieren, so kommt man sehr schnell zu der Erkenntnis, dass es verschiedene Aspekte für die Bestimmung der Wahrscheinlichkeit gibt, etwa die Wahrscheinlichkeit für das Auftreten von 6 Augen nach 4maligem Würfeln, oder die Wahrscheinlichkeit, ein Ziel zu treffen. Nach dem russischen Mathematiker Gnedenko lässt sich die mathematische Wahrscheinlichkeit in drei Gruppen unterteilen:

- mathematische Wahrscheinlichkeit als quantitatives Maß für den sogenannten „Überzeugungsgrad" des *erkennenden Subjekts.*

- Die Wahrscheinlichkeit als Begriff der „Gleichmöglichkeit". Dies ist die sogenannte *klassische* Definition der Wahrscheinlichkeit

- Die Wahrscheinlichkeit im Sinne der relativen Häufigkeit des Auftretens eines Ereignisses in einer sehr großen Anzahl von Versuchen. Dies ist die *statistische* Definition der Wahrscheinlichkeit.

Da der ersten Definition die erforderliche objektive Aussagekraft fehlt – obwohl gerade diese sich mit dem ursprünglichen populären Sinn des Wortes „Wahrscheinlichkeit" deckt, muss diese Betrachtungsweise für uns ausfallen. Die Begriffe „wahrscheinlich" und „unwahrscheinlich" sind in der täglichen Umgangssprache ihrer Bedeutung nach so verschwommen, dass sie noch nicht einmal ausgesprochene Gegensätze darstellen wie etwas die Begriffe „geschickt" und „ungeschickt oder *glücklich* und *unglücklich.* Denn das „Wahrscheinliche gilt als möglich, dennoch ist das „Unwahrscheinliche" nicht etwa völlig unmöglich, sondern es könnte immerhin noch möglich werden, wenn auch mit erheblichen Einschränkungen. In der Mathematik sind hingegen *wahrscheinlich* und *unwahrscheinlich* k e i n e gegensätzlichen Begriffe, sie unterscheiden sich nur der Größe nach von einander.

Für den Mathematiker ist die Wahrscheinlichkeit im Sinne der dritten Definition eine ganz bestimmte Größe, nämlich die Häufigkeit, mit der ein Ereignis relativ zu seinen möglichen Alternativen stattfindet. Stehen alle möglichen Fälle unter den gleichen Bedingungen, so kann man angeben, wie sich die Zahl der günstigen Fälle (Treffer) zu der Zahl der ungünstigen möglichen Fälle (Nichttreffer) verhält. Das ist die so genannte „einfache" Wahrscheinlichkeit, die man auch durch Versuche oder Beobachtungen statistisch annähernd ermitteln kann und mit der wir arbeiten.

Die klassische Definition der Wahrscheinlichkeit ist die komplizierteste. Sie lässt sich nur auf den Begriff der *Gleichmöglichkeit* von Ereignissen zurückführen, der als grundlegend gilt und keiner weiteren Definition unterliegt. So werden zB. beim Wurf eines einwandfreien Würfels das Auftreten von 1, 2, 3, 4, 5 oder 6 Augen gleichmögliche Ereignisse sein, denn aufgrund der Symmetrie ist keine Seite des Würfels gegenüber einer anderen bevorzugt. Für den Wurf einer symmetrischen Münze gilt diese Voraussetzung ebenso, wie für den Wurf einer Kugel in einem präzise hergestellten Roulettapparat.

Die klassische Wahrscheinlichkeit wird mathematisch so definiert :

„Wenn sich ein Ereignis A in m Teilergebnisse zerlegen lässt, die alle zu einer vollständigen Gruppe von paarweise unvereinbaren und gleichmöglichen Ereignissen n gehören, ist die Wahrscheinlichkeit des Ereignisses A gleich

$$W(A) = \frac{m}{n}$$

Zwei Grundregeln der Wahrscheinlichkeitsrechnung sind einmal

-   der „UND "-Satz, mit dem man die W berechnet, mit der zwei zufällige Ereignisse zugleich eintreten und

-   der „ODER "-Satz, mit dem man das Eintreten des einen oder des anderen von zwei Ereignissen berechnet.

Die Wahrscheinlichkeit eines Ereignisses wird als Zahlenwert also mit folgenden Eigenschaften definiert:

- Ein Ereignis, das *sicher* eintritt, hat die Wahrscheinlichkeit 1
- Ein Ereignis, das gewiß *nicht* eintritt, hat die Wahrscheinlichkeit 0.

Innerhalb dieses weiten Spielraums liegen die (dezimal gebrochenen) Werte für die verschiedenen Grade der Wahrscheinlichkeit (w). Die mathematische Skala für w erstreckt sich also immer von 0 (unmöglich) bis 1 (gewiss). Bei 0.5 sind ja und nein gleichermaßen möglich, das Ereignis ist *zweifelhaft*.

Noch eine wichtige Bemerkung zu jenen Vorgängen, in denen es sich nur um Erfolg oder Misserfolg, um Treffer oder Niete (bzw. Fehltreffer) handelt: etwa beim Aufwerfen einer Münze, wo Kopf oder Zahl (Nicht-Kopf) fallen kann. Da die Gewissheit der Zahl 1 entspricht und der Erfolg die Wahrscheinlichkeit w hat, gilt für den Nichterfolg das so genannte Gegenereignis mit der *Gegenwahrscheinlichkeit* 1-w bzw. q. Wir werden später noch sehen, dass der Begriff der Gegenwahrscheinlichkeit für die Bestimmung des Nichterfolges rechnerisch absolut unentbehrlich ist

Die vernünftige Voraussetzung dieser beschriebenen Theorie ist aber, dass jedes Mal, wenn alle in einem Komplex zusammengefassten Bedingungen erfüllt sind, dass Ereignis A auch eintreten muss. Das Ereignis selbst muss sicher sein. Auf den Bereich des Würfel- oder Roulettspiels bezogen: mit jedem Wurf muss irgendeine Zahl fallen. Ein Würfel, der vom Tisch in den wichen Sand fällt oder eine Roulettkugel, die auf dem Rand des inneren Zahlenrings liegen bliebe, ohne in ein Zahlenfach zu fallen, könnte als Versuch bzw. als „Ereignis" nicht berücksichtigt werden. Das Ereignis hat gar nicht stattgefunden, der Wurf muss wiederholt werden. Das Ereignis, dass *keine* Zahl oder beim Würfel etwa die Zahl 7 fällt, nennt man nach mathematischer Logik ein *unmögliches* Ereignis, so oft man diesen Versuch auch wiederholen mag.

Welche der möglichen Zahlen jedoch mit einem Wurf getroffen wird, ist unbekannt: Ein solches Ereignis nennt man ein *zufälliges* Ereignis.

Während bei Benutzung nur eines Würfels allein 6 mögliche Ergebnisse erzielt werden können, gibt es deren bei Benutzung von 2 Würfeln (einem schwarzen und einem weißen) gleichzeitig 36 verschiedene Kombinationen. Am wenigsten wahrscheinlich ist es, dass insgesamt 2 oder 12 Augen auftreten. Man denke an das „schwierige" Ergebnis („Hassard"). Das Auftreten von 11 Augen ist schon auf zweierlei Art möglich:

$$\text{weiß} = 5 + \text{schwarz} = 6 = 11 \text{ oder}$$
$$\text{schwarz} = 5 + \text{weiß} = 6 = 11 \text{ Augen}$$

Die Wahrscheinlichkeit, dass die Summe der Augenzahl gleich 11 ist, beträgt daher 2/36 = 1/18. Nachfolgend die vollständige Tabelle für die *zusammengesetzten* Wahrscheinlichkeiten

Augenzahl:

2	3	4	5	6	7	8	9	10	11	12
1/36	2/36	3/36	4/36	5/36	6/36	5/36	4/36	3/36	2/36	1/36

Anders wird die Überlegung, wenn wir die Wahrscheinlichkeit für *zwei* Würfe mit *einem* Würfel untersuchen wollen. Hier tritt eine Modifizierung des *Oder-Satzes* ein:

Wenn zwei Ereignisse sich gegenseitig ausschließen, sind die Aussichten für beide zusammen, dass das eine *oder* das andere eintritt, gleich der Summe ihrer Einzelwahrscheinlichkeiten minus der Aussicht, dass beide eintreten. Die Aussicht zB., dass bei einem Wurf eine 2 *oder* eine 3 fällt, sind 1/6 + 1/6, da die Ausfälle sich gegenseitig ausschließen. Denn man kann mit einem Würfel nicht beide Augenzahlen zugleich werfen. Der Fall, in einem der beiden Würfe eine 2 zu erhalten, ist möglich, da man beide Male eine 2 werfen könnte. Deshalb wäre die w, bei nur einem von zwei Würfen eine 2 zu werfen, nach der Additionsregel 1/6 + 1/6 vermindert um 1/36, nämlich um die w von zwei Zweien bei zwei aufeinander folgenden Würfen.

Übrigens sind auch bei der Anwendung des *Und-Satzes* Modifikationen der Regel nötig. Eine solche Modifikation trifft dann zu, wenn das tatsächliche Eintreten des ersten der beiden Ereignisse die Ausgangsmöglichkeit des zweiten beeinflusst, wie etwa beim Zahlen-Lotto oder beim Kartenspiel. Die Wahrscheinlichkeit zB., aus 52 Karten eines Spiels eine der 13 Herz-Karten zu ziehen, ist 13/52 oder ¼. Aber die Aussicht, auch beim ersten *und* beim zweiten Mal ein Herz zu ziehen, ist nicht 13/52 * 13/52. Nachdem ein Herz gezogen worden ist, bleiben nur noch

12 Herzen und 51 Karten überhaupt nach. Die w einer zweiten Herzkarte ist also auf 12/51 gesunken. Damit ist die Aussicht, zwei Herzkarten hintereinander zu ziehen, nach der Multiplikationsregel auf 13/52 * 12/51 vermindert. Diese Modifikation ist das *Gesetz der bedingten Wahrscheinlichkeit.*

Dieses Gesetz gilt auch für das bekannte Urnen-Modell: Ziehen einer Kugel o h n e Zurücklegen. Im Roulett dagegen bleibt die volle Ereignismenge ständig erhalten, hier wird die gezogene Kugel in jedem Falle immer wieder in die Urne „zurückgelegt". Das ist der fundamentale Unterschied. Und nur mit *d i e s e r* Bedingung haben wir uns zu beschäftigen.

Das Gesetz der grossen Zahlen

Das *Gesetz der großen Zahlen* gilt in der Wahrscheinlichkeitsrechnung seit eh und je als das wichtigste und das am häufigsten zitierte Gesetz. Es beinhaltet, dass die Genauigkeit einer Voraussage mit der Anzahl der berücksichtigten Einzelfälle zunimmt. Um genau zu sein, müsste man eigentlich sagen. „Das Gesetz der großen Anzahlen", denn hier geht es nicht um einen kleinen oder großen Ereignisspielraum, dh. die Zahl der möglichen Elemente, sondern um die Anzahl der *Versuche,* also um den Umfang der *Testreihe.* Gefragt wird also nicht, ob 1000 Möglichkeiten oder die 37 Zahlen (des Rouletts), die 6 Augen (eines Würfels) oder nur die 2 Seiten (einer Münze) auf ihr Erscheinen getestet werden, sondern w i e o f t dieser Test durchgeführt wird? Denn je länger man prüft, umso m e h r werden sich die aufgetretenen Einzelelemente in ihrer Häufigkeit dem Mittelwert *angleichen*.

Max Woitschach schreibt in seinem Buch „Die Strategie des Spiels": „Es ist erstaunlich, wie häufig gerade dieses *Gesetz der großen Zahlen* falsch interpretiert wird. Es besagt zwar, dass beispielsweise beim Würfeln die Augenzahl der geworfenen Einsen, Zweien, Dreien usw. sich einander *relativ* umso mehr einander annähern, je mehr Würfe erfolgen ...Dieses *Gesetz der großen Zahlen* besagt aber n i c h t - und eben gerade hierin irren so viele Leute – dass diese Zahlen sich einander auch *absolut* annähern, also dass der Vorsprung, den beispielsweise einer der möglichen Zahlen vor den anderen erlangt hat, im Verlaufe weiterer Spiele zwangsläufig wieder ausgeglichen wird. Die Annäherung der Würfe - gemeint ist die unterschiedliche Häufigkeit der Augenzahl - erfolgt in Wirklichkeit nur *relativ*, also nur in bezug auf ihr prozentuales Verhältnis zueinander."

Mit anderen Worten:
Während das Gesetz der großen Zahlen nichts anderes besagt, als dass sich die *relativen* Abweichungen gleichmöglicher Zufallsereignisse mit zunehmender Anzahl der Versuche *verringern,* müssen wir mit allem Nachdruck hervorheben, dass sich die a b s o l u t e n Abweichungen weiter *vergrößern*. Nochmals: Der absolute Ausgleich *kann*, aber er muss nicht stattfinden. Im Gegenteil: je g r ö ß e r die vollständige Ereignis-

menge ist, um so u n w a h r s c h e i n l i c h e r wird der absolute Ausgleich.

Im einzelnen heißt das: sind nur zwei sich einander ausschließende Zufallsereignisse - wie Kopf und Adler möglich, so kann der absolute Ausgleich noch am ehesten eintreten Er wird jedoch - wie die statistische Erfahrung zeigt - immer nur augenblicksweise erreicht und danach wieder verloren. Wir können sagen: Der absolute Ausgleich ist möglich, jedoch nicht wahrscheinlich. Sicher hat jeder schon einmal in einer Telefonzelle oder bei sich zu Hause beobachtet, dass die Schnur des Handapparates fast immer mehr oder weniger stark verknotet ist. Diese Wahrnehmung bestätigt die zufallsbedingte Abweichung vom Ausgleich, dh. von einer sauber und glatt herunter hängenden Schnur. Obwohl jeder Mensch glaubt, nach dem Telefonieren den Hörer wieder so aufzulegen, wie er ihn abgenommen hat, verdreht sich die Schnur in kurzer Zeit immer mehr nach der einen oder anderen Richtung. Nur ganz ausnahmsweise wird sich eine verknotete Telefonschnur nach ungewisser Zeit wieder in den ursprünglichen, ordentlichen Zustand von selbst zurückentwickeln.

Da die Wahrscheinlichkeit für das Eintreten eines zufälligen Ereignisses in der Mathematik mit einem Wert ausgedrückt wird, der zwischen 1 (sicher) und 0 (unmöglich) liegt, stellt er folglich einen Dezimalbruch dar. Auf diese Weise gewinnt man für die Abstufung der Wahrscheinlichkeiten eine Zahlenskala. wie sie beispielsweise die Physik für Temperaturen mit dem Thermometer erreicht hat, um den weit gespannten Bedeutungsunterschied zwischen „warm" und .‚kalt" in ihren Gesetzen zu verankern.

Die umfangreichen, von der Menschheit angesammelten Erfahrungen zeigen, dass Erscheinungen, die eine Wahrscheinlichkeit nahe 1 besitzen, fast immer eintreten. Ebenso treten Ereignisse, deren Wahrscheinlichkeit sehr klein ist, also sehr nahe bei Null liegt. sehr selten ein Diese praktische Schlussfolgerung aus der Wahrscheinlichkeitsrechnung spielt eine grundlegende Rolle, weil sie es in vielen Lebensbereichen gestattet, wenig wahrscheinliche Ereignisse für praktisch unmöglich zu halten und Ereignisse mit Wahrscheinlichkeiten nahe eins als praktisch sicher anzusehen. Dennoch kann die Wissenschaft auf die ganz natürliche Frage, wie groß die Wahrscheinlichkeit sein muss, damit ein Ereignis praktisch als unmöglich gilt, keine eindeutige Antwort geben.

Das gleiche gilt selbstverständlich für die Umkehrung, für die Frage nach der Sicherheit. Gleichzeitig muss aber gesagt werden, dass jedes beliebige Ereignis, das eine positive Wahrscheinlichkeit besitzt - wie klein auch immer diese sein mag - dennoch irgendwann eintreten kann. Als plastisches Beispiel für ein solch extrem unwahrscheinliches Ereignis darf der tragische Unglücksfall aus dem Jahre 2002 gelten, als am Bodensee in 10 000 m Höhe zwei über Radar (fehl-)geleitete Verkehrsflugzeuge zusammenprallten.

Was heißt überhaupt „sicher"? Sind Autos, Schiffe, Flugzeuge „sichere Verkehrsmittel? Ist die Geburt des Menschen, sein Leben sicher? Die Mathematik kennt hierzu nur eine ganz klar determinierte Aussage: Sicherheit hat den Wert 1, alles. was darunter liegt, ist nicht absolut sicher. Ein Ereignis, das in 90 von 100 Fällen »gut« geht, hat den Erwartungswert 0,9. Ein Ereignis, das in 999 von 1000 Fällen gut geht und in 1 von 1000 Fällen missglückt, hat den Erwartungswert 0,999. Auch dieses zuletzt beschriebene Ereignis tritt noch keineswegs „sicher" ein, aber doch mit einer so hohen Wahrscheinlichkeit, dass man - je nach dem Risiko - ziemlich fest darauf vertrauen darf

Über derlei mathematische Aussagen muss man sich deshalb vollends klar werden, weil damit auch die negative Beurteilung der Gewinnaussichten in Glücksspielen. ganz besonders im Roulett, begründet wird. Die Mathematik sagt nämlich weiter, dass auch ein Ereignis mit einer sehr geringen Wahrscheinlichkeit bei einer ausreichend großen Anzahl von Versuchen irgendwann wenigstens einmal eintritt, das heißt seine Wahrscheinlichkeit sehr nahe an eins herankommen wird.

Die Wahrscheinlichkeitsrechnung kommt an diesem Umstand nicht vorbei. Ist die Wahrscheinlichkeit eines Ereignisses sehr klein, so ist zwar kaum zu erwarten. dass es in einem *vorher bestimmten* Versuch eintritt Wollte also jemand behaupten. dass bei der ersten Austeilung von Spielkarten unter vier Partnern jeder nur Karten *einer* Farbe erhalten wird, so kann jeder nur an einen Schwindel glauben, also den Verdacht hegen, daß die Karten nicht gemischt sondern vorher genau sortiert worden sind. Die Wahrscheinlichkeit für diesen unbeeinflussten Zufall ist ähnlich gering wie etwa das Herauskommen aller Roulettzahlen in einer gleich großen Anzahl von Coups. Dass in der Wahrscheinlichkeitsrechnung aber diese beiden theoretischen Möglichkeiten berücksichtigt werden müssen, macht den vielfach als „weltfremd" bezeichneten Standort der Mathematiker deutlich.   Anders ist auch nicht das von   Rudolf Vogelsang zitierte Beispiel vom angeblich möglichen Ausbleiben einer Roulettzahl über 999 Coups zu interpretieren. Wir kommen darauf noch später zurück.

Beide angeführten Beispiele illustrieren aber hinreichend den Unterschied zwischen den Begriffen der praktischen Unmöglichkeit und der sozusagen „kategorischen" Unmöglichkeit. Aus all dem wird verständlich, dass für die Wissenschaft gerade die Ereignisse mit Wahrscheinlichkeiten nahe Eins oder nahe Null besonders große Bedeutung haben.

Wie das „Gesetz der großen Zahlen" sich im konkreten Fall auswirkt, soll an einem simplen Beispiel erläutert werden:

Wird eine symmetrische Münze 50 mal aufgeworfen. so kann die Proportion von „Köpfen" zu „Wappen" so gering ausfallen, wie 0,4 oder so groß wie 0,6. Wird aber die Münze 5000 mal geworfen. dann ist sehr unwahrscheinlich, dass die Proportion von „Köpfen" außerhalb des Spielraumes von 0,48 bis 0.52 liegt. Wollte aber jemand behaupten, es wäre möglich, mit einer einwandfreien Münze 50 mal hintereinander „Kopf" zu werfen. so treffen wir auf eine ganz enorm geringe Wahrscheinlichkeit: 1 Million Leute müßten eine Münze 10 mal in jeder Minute jede Woche 40 Stunden lang werfen - und selbst dann würde es nur einmal in 900 Jahren geschehen.

Das Prinzip der relativen Annäherung gleichmöglicher Zufallsereignisse bei zunehmender Gesamtzahl der Versuche lässt sich ebenfalls am Würfel-Beispiel am einfachsten erläutern. Fällt beim Würfeln als erstes eine 6, so ist diese 6 zunächst in 100 % aller Würfe aufgetreten. Da auch beim 2. Wurf und bei allen folgenden Würfen alle sechs Zahlen die gleiche Trefferwahrscheinlichkeit haben, kann es durchaus sein dass auch beim 2 Wurf wieder eine 6 herauskommt. Dann betragt der Anteil der 6 immer noch 100% der Würfe und der Anteil aller übrigen Zahlen 0 %. Aber schon beim 2. Wurf war die Wahrscheinlichkeit für die Zahlen 1 bis 5 zusammen 5/6, also insgesamt wahrscheinlicher als eine nochmalige 6. Das gleiche gilt für alle folgenden Würfe.

Wenn nun beim 3. Wurf eine der Zahlen 1 bis 5, beispielsweise eine 1 geworfen wird. dann sinkt dadurch der prozentuale Anteil der 6 von ursprünglich 100 % schlagartig auf 66,6% .Er kann zwar nochmals wachsen, aber schon dies ist sehr unwahrscheinlich. Dann müssten nämlich anschließend zwei weitere Sechsen kommen, ohne dass vorher irgendeine andere Zahl fällt. So könnte der Anteil der 6 noch auf 80 % ansteigen, aber nie mehr auf 100 %. Fällt dagegen im 4. Wurf nochmals die 1, dann beträgt der Anteil beider Zahlen nur noch 50 %. Führt man diese Überlegung konsequent weiter, dann wird klar. dass sich die prozentualen Anteile aller sechs Zahlen mit zunehmender Anzahl der

Würfe immer stärker einander annähern und sich dabei dem Grenzwert von 16,7 nähern müssen. Die Wahrscheinlichkeit ist also gleich der *relativen* Häufigkeit.

Um das Gesetz der großen Zahlen an einer Vergleichsstatistik zu erläutern, sehen wir uns zunächst drei verschieden große Würfelserien an. Sicher ist es nicht erlaubt, bereits bei einer «Runde", dh. der vollständigen Ereignismenge von 6 Würfen mit einem einwandfreien Würfel alle möglichen Ereignisse zu erwarten - nicht einmal in einer beliebigen Ordnung, - die Augenzahlen 1 2, 3, 4, 5, 6. Dabei sei ausdrücklich nicht an diese numerische Reihenfolge, sondern nur an den vollständigen Ausgleich aller möglichen Ergebnisse gedacht. Dass innerhalb von 6 Würfen nur etwa 2/3 aller möglichen Augenzahlen herauskommen werden, braucht man nur auszuprobieren, um dieser Behauptung ohne Einwände zuzustimmen. Denn die mathematische Wahrscheinlichkeit sagt über den Einzelfall noch gar nichts und über eine geringe Anzahl von Würfen – nach allgemeiner Auffassung - nur sehr wenig aus.

Andererseits aber lehrt die Erfahrung (in exakter Weise also die Statistik), dass bei einer *großen Anzahl* von Würfen die einzelnen Augenzahlen *relativ* gleichmäßig herauskommen. Das zeigen die nachfolgenden, aus praktischen Versuchen herrührenden Angaben, zunächst am Beispiel des Würfelns. Dabei wurden 100, 1000 und 10000 Runden gewürfelt und die Ergebnisse genau festgehalten, um abschließend nachzuprüfen. wie weit die theoretische, d. h mathematisch voraussagbare Wahrscheinlichkeit w = 0.166 (aufgerundet 0,167) mit steigender Anzahl der Versuche immer näher erreicht wird.

Gesamtzahl der Würfe	Häufigkeit der Augenzahl					
	1	2	3	4	5	6
600	82	130	106	92	106	84
%	0,14	0.22	0,18	0,15	0,18	0,14
6000	953	1053	1027	1028	982	957
%	0,159	0,176	0,171	0,171	0,164	0.160
60000	9880	9989	10206	10190	9888	9847
%	0,165	0,166	0,170	0,170	0,165	0,164

Wie die Tabelle zeigt, wird der theoretische Mittelwert von 0,167 um so besser erreicht, je größer die Anzahl der *Versuche* wird. Wahrscheinlichkeitsvoraussagen gelten also nur für genügend große Versuchsreihen. Diese Erscheinung und Erkenntnis beschrieb der französische Mathematiker Simeon Denis Poisson (1781-1840) .

Tatsächlich aber wurde diese Einsicht schon fast ein Jahrhundert früher gefunden, nämlich von dem Schweizer Mathematiker Jacob Bernoulli (1655-1705). Er wollte seinen Zeitgenossen die Scheu vor der Mathematik nehmen, als er die theoretische Erklärung für die ersten Wahrscheinlichkeitsgesetze fand: Er schrieb in seiner *Ars Conjectandi,* dass die Methode zur Bestimmung nach der relativen Häufigkeit „nicht neu und nicht ungewöhnlich" sei, folgendes:

> „Jedem ist doch klar, dass es zur Beurteilung irgendeiner Entscheidung nicht ausreicht, eine oder zwei Beobachtungen zu machen, sondern dass eine große Anzahl von Beobachtungen erforderlich ist..."

Jacob Bernoulli ist übrigens ist jener Spross der berühmten Basler Mathematiker-Familie, der uns in seinem Nachlass die so bedeutsame Formel der *Binomialverteilung* hinterlassen hat, die ihrer schwierigen Berechenbarkeit wegen später kaum Beachtung und Anwendung gefunden hat.

Auf die statistische Tatsache des zunehmenden relativen Ausgleichs wird im Zusammenhang mit dem Gesetz der großen Zahlen bei jeder Gelegenheit hingewiesen. Nur ganz selten wird aber die ebenso wichtige Tatsache deutlich herausgestellt, dass der absolute Ausgleich keineswegs erfolgen muss. Vielmehr ist „jeder Gedanke aneinen absoluten Ausgleich oder auch nur eine zwangsläufige absolute Wiederannäherung absurd", wie Max Woitschach treffend feststellt.

Man braucht dazu nur die oben ersichtlichen maximalen Abweichungen von den absoluten Durchschnittswerten 100, 1000, 10000 nach oben und unten herauszuziehen, um folgende Zahlen zu erhalten:

Anzahl der absoluten Werte:

	positive	negative
		Abweichung
600	+ 30	-18
6000	+ 53	-47
60000	+206	-153

Auf die 37 gleichmöglichen Elementarereignisse des Rouletts angewandt. heißt das: Da jeder einzelnen Nummer die gleiche Wahrscheinlichkeit $w = 1/37$ zukommt, unterscheidet sich bei einer *großen* Anzahl von n Würfen der Bruchteil der einzelnen Nummern von 0 bis 36 mit wachsendem n immer weniger von $1/37$.

Innerhalb von 37517 Coups, was dem Volumen nach 100 Tagen Permanenz für einen Tisch entspricht, erschien als häufigste Zahl die 10 mit einem Überhang von 8.25 % gegenüber dem arithmetischen Durchschnitt. Dagegen erschien als seltenste Zahl die 9 mit einer negativen Abweichung gegenüber dem Durchschnitt von 8,75 %.

Dass es aber im Gegensatz zu dem bisher behandelten Lehrsatz auch ein *Gesetz der kleinen Zahlen* gibt, hat Bernoulli mangels geeigneter Rechenhilfsmittel noch nicht ahnen können. Und selbst Max Woitschach, der Bernoulli´s Binomialformel wieder entdeckte und auf vergleichsweise längeren Strecken am Computer berechnet hat, fand keinen Ansatz zur Formulierung einer solchen gesetzlichen „Kontrasterscheinung".

In Wahrheit ist dieser berühmteste Sproß der Basler Mathematiker-Familie nicht nur der Erfinder des allseits bekannten *Gesetzes der großen Zahlen*. Mit Hilfe der in seinem Nachlass gefundenen Binomialformel lässt sich auch ein bisher nicht formulierte Lehrsatz begründen:

"Das Gesetz der kleinen Zahlen"

Dieses erst jetzt erkannte Gesetz hat zumindest für die Spieltheorie eine fundamentale Bedeutung, wurde es doch erst mittels Computer durch ausgedehnte Analysen von Zufallsprodukten geschlossener Ereignismengen gefunden.

Zunächst aber müssen wir uns genauer mit einigen wichtigen Verteilungs-Gesetzen beschäftigen.

Vier wichtige Verteilungsgesetze

Exponentialverteilung

Am einfachsten verständlich ist im Roulettmodell die Frage nach dem wahrscheinlichen Treffen einer bestimmten Zahl. Wir wissen, dass sie durchschnittlich alle 37 Coups einmal treffen wird, weil es ja 37 verschiedene, gleichwahrscheinliche Zahlen gibt, von denen jede treffen kann. Die gleiche Trefferwahrscheinlichkeit besteht auch für den 2.Wurf, wenn man ihn für sich alleine betrachtet. Aber diese Sicht ist natürlich rein theoretisch, für die praktische Wirklichkeit hat sie keinen Sinn. Denn die Kugel wird ja ständig neu geworfen, und so stellt sich die Frage: wie groß ist denn die Wahrscheinlichkeit w dafür, dass die gewünschte Zahl innerhalb von 2 Würfen getroffen wird? Keinesfalls das Doppelte von 1/37, also 2/37, denn dann müsste ja unsere vorbestimmte Zahl bereits nach 37 Würfen mit 100 % Sicherheit getroffen werden. Das aber ist keineswegs der Fall, wie fast jeder weiß.

Um diese Frage richtig zu beantworten, müssen wir sie umdrehen und nach der „Gegenwahrscheinlichkeit" fragen, dass diese von uns gewünschte Zahl *nicht* getroffen wird. Diese Gegenwahrscheinlich beträgt zwar „statistisch" auch für jeden einzelnen Wurf (Coup) 36/37, aber für eine Kette von Coups trifft das natürlich n i c h t zu. Denn nach dem ersten Coup sind nur noch 36 der 37 Zahlen = 36/37 aller Zahlen nicht getroffen. Deshalb kann die Gegenwahrscheinlichkeit des zweiten Coups, der für sich allein ebenfalls 36/37 beträgt, nicht mehr auf alle 37 Nummern bezogen werden, sondern nur noch auf die 36/37, die nach dem ersten Coup übrig geblieben sind, also 36/37 von 36/37. Beide Würfe zusammen haben also eine Gegenwahrscheinlichkeit von 36/37 * 36/37 dafür, dass mit keinem der beiden Würfe die von uns gewünschte Zahl getroffen wird.

Und nun ist es leicht, die Trefferwahrscheinlichkeit (Tw) für jede vorbestimmte Zahl zu errechnen. Sie beträgt für zwei Coups (n = 2) genau

Tw (2) = 1 – 36/37 * 36/37 oder 1 - (36/37) ^2 = 0.0533 oder 5.33 %

Nach diesem Schema lässt sich die Trefferwahrscheinlichkeit für jede beliebige Anzahl von Coups errechnen.

Für jede vorbestimmte Zahl ist die Tw also immer abhängig von der Anzahl der Würfe. Mit 37 Coups beträgt sie erst 63.7 %, mit 74 Coups rund 86.8 %. Und selbst nach 4 „Rotationen", wenn jede Zahl bereits 4 mal hätte treffen können , liegt ihre Tw erst bei 98.3 %. Bleibt also immer noch eine Wahrscheinlichkeit, von 1.7 %, dass diese Zahl selbst nach 148 Coups noch nicht getroffen wird.

Woitschach hat diese Überlegung auf alle 37 Nummern ausgedehnt und weist darauf hin, dass man diesen Wert q = 1.73 nur mit der Anzahl sämtlicher Nummern, also mit 37 zu multiplizieren braucht, um dann die Gesamtwahrscheinlichkeit von 64% zu erhalten. Das heißt also: Mit 64 % W (ca. 2/3) wird e i n e dieser Nummern selbst nach 148 Coups noch nicht ein einziges Mal erschienen sein. Diesen Wert nennen wir „Zutreff-Wahrscheinlichkeit" (Zw). Das Gegenstück dieser Betrachtung ist, dass logischerweise einige andere der 37 Zahlen *häufiger* als durchschnittlich viermal getroffen werden müssen.

Bleiben wir bei der einfachen Fragestellung der Tw für eine vorbestimmte Zahl (z). Da sie immer über die Gegenwahrscheinlichkeit berechnet werden muss, heißt die allgemeine Formel dafür

$$Tw\ (z)\ =\ 1 - (36/37)^n$$
oder $\quad q\ (z)\ =\quad (36/37)^n$

Dabei bedeutet:

Tw = Trefferwahrscheinlichkeit
z = vorbestimmte Zahl
q = Gegenwahrscheinlichkeit
n = Anzahl der Coups
^ = Potenzzeichen dafür, dass n hochgestellt wird

Hier einige Beispiele für das Berechnung einer im voraus bestimmten Nummer innerhalb von n Coups, wobei es sich immer um *das mindestens einmalige (dh. soziable) Erscheinen* der betreffenden Nummer handelt:

in 10 Coups $\quad 1 - (36/37)^{10} = 0{,}2397 = 23.97\ \%$
in 37 Coups $\quad 1 - (36/37)^{37} = 0.6372 = 63.72\ \%$
in 74 Coups $\quad 1 - (36/37)^{74} = 0.8683 = 86.83\ \%$
in 148 Coups $\quad 1 - (36/37)^{148} = 0.9829 = 98.29\ \%$

Multiplizieren wir die absoluten Wahrscheinlichkeitswerte mit 37, so erhalten wir die Anzahl von Nummern bzw. Zahlen, die in n Coups *mindestens* einmal erschienen sind. Diese Werte nennt man auch Erwartungswerte (E).

Also erscheinen durchschnittlich innerhalb von

      10 Coups 8.87 verschiedene Nummern
      37 Coups 23.58 verschiedene Nummern
      74 Coups 32.13 verschiedene Nummern
      148 Coups 36.37 verschiedene Nummern.

Für zusammengesetzte Chancen der „Breite" m lautet die Formel dann sinngemäß:

$$W = 1 - ((37-m) / 37)\,^\wedge\, n$$

Wir müssen hier 2 Klammern machen, weil der Ergänzungswert der Chancengröße durch (37 – m) ausgedrückt wird.

Für Cheval (m = 2) lautet der Klammerwert 35/37
für die Dreiertransversale (Tp) (m = 3) lautet er 34/37
für die Sechsertransversale (Ts) (m = 6) lautet er 31/37
für eine Einfache Chance wie ROT (m = 18) lautet er 19/37 usw.

Wir geben hier noch einmal die schon früher veröffentlichten Treffer-W-Tabellen für die alle konventionellen Chancengrößen (m) wieder, damit sich der Leser ein übersichtliches Bild von den Treffer- und Nichttreffer-Verhältnissen der einzelnen Chancen machen kann.

Als Einführung folgen zunächst die Tabellen für eine einzelne Nummer mit der durchschnittlichen Tw von 1/37 für Plein.

Treffer-W % der Plein-Chance

m = 1

Cp	Treffer-W % sol.	soz.	nicht q %	E für 37	Cp	Treffer-W % sol.	soz.	nicht q %	E für 37
1	2.703	2.7027	97.30	1.00	51	0.687	75.27	24.73	27.85
2	2.630	5.33236	94.67	1.97	52	0.668	75.94	24.06	28.10
3	2.559	7.89094	92.11	2.92	53	0.650	76.59	23.41	28.34
4	2.489	10.3804	89.62	3.84	54	0.633	77.23	22.77	28.57
5	2.422	12.8025	87.20	4.74	55	0.616	77.84	22.16	28.80
6	2.357	15.1592	84.84	5.61	56	0.599	78.44	21.56	29.02
7	2.293	17.4522	82.55	6.46	57	0.583	79.02	20.98	29.24
8	2.231	19.6832	80.32	7.28	58	0.567	79.59	20.41	29.45
9	2.171	21.854	78.15	8.09	59	0.552	80.14	19.86	29.65
10	2.112	23.966	76.03	8.87	60	0.537	80.68	19.32	29.85
11	2.055	26.021	73.98	9.63	61	0.522	81.20	18.80	30.04
12	1.999	28.0204	71.98	10.37	62	0.508	81.71	18.29	30.23
13	1.945	29.9658	70.03	11.09	63	0.494	82.20	17.80	30.42
14	1.893	31.8586	68.14	11.79	64	0.481	82.68	17.32	30.59
15	1.842	33.7003	66.30	12.47	65	0.468	83.15	16.85	30.77
16	1.792	35.4922	64.51	13.13	66	0.455	83.61	16.39	30.93
17	1.743	37.2356	62.76	13.78	67	0.443	84.05	15.95	31.10
18	1.696	38.932	61.07	14.40	68	0.431	84.48	15.52	31.26
19	1.650	40.5824	59.42	15.02	69	0.419	84.90	15.10	31.41
20	1.606	42.1883	57.81	15.61	70	0.408	85.31	14.69	31.56
21	1.562	43.7508	56.25	16.19	71	0.397	85.71	14.29	31.71
22	1.520	45.2711	54.73	16.75	72	0.386	86.09	13.91	31.85
23	1.479	46.7502	53.25	17.30	73	0.376	86.47	13.53	31.99
24	1.439	48.1894	51.81	17.83	74	0.366	86.83	13.17	32.13
25	1.400	49.5897	50.41	18.35	75	0.356	87.19	12.81	32.26
26	1.362	50.9521	49.05	18.85	76	0.346	87.54	12.46	32.39
27	1.326	52.2777	47.72	19.34	77	0.337	87.87	12.13	32.51
28	1.290	53.5675	46.43	19.82	78	0.328	88.20	11.80	32.63
29	1.255	54.8225	45.18	20.28	79	0.319	88.52	11.48	32.75
30	1.221	56.0435	43.96	20.74	80	0.310	88.83	11.17	32.87
31	1.188	57.2315	42.77	21.18	81	0.302	89.13	10.87	32.98
32	1.156	58.3874	41.61	21.60	82	0.294	89.43	10.57	33.09
33	1.125	59.5121	40.49	22.02	83	0.286	89.71	10.29	33.19
34	1.094	60.6063	39.39	22.42	84	0.278	89.99	10.01	33.30
35	1.065	61.671	38.33	22.82	85	0.271	90.26	9.74	33.40
36	1.036	62.7069	37.29	23.20	86	0.263	90.52	9.48	33.49
37	1.008	63.7149	36.29	23.57	87	0.256	90.78	9.22	33.59
38	0.981	64.6955	35.30	23.94	88	0.249	91.03	8.97	33.68
39	0.954	65.6497	34.35	24.29	89	0.242	91.27	8.73	33.77
40	0.928	66.5781	33.42	24.63	90	0.236	91.51	8.49	33.86
41	0.903	67.4814	32.52	24.97	91	0.230	91.74	8.26	33.94
42	0.879	68.3603	31.64	25.29	92	0.223	91.96	8.04	34.03
43	0.855	69.2154	30.78	25.61	93	0.217	92.18	7.82	34.11
44	0.832	70.0474	29.95	25.92	94	0.211	92.39	7.61	34.18
45	0.810	70.857	29.14	26.22	95	0.206	92.59	7.41	34.26
46	0.788	71.6446	28.36	26.51	96	0.200	92.79	7.21	34.33
47	0.766	72.411	27.59	26.79	97	0.195	92.99	7.01	34.41
48	0.746	73.1566	26.84	27.07	98	0.189	93.18	6.82	34.48
49	0.725	73.8821	26.12	27.34	99	0.184	93.36	6.64	34.54
50	0.706	74.588	25.41	27.60	100	0.179	93.54	6.46	34.61

48

Treffer-W % der Plein-Chance

m = 1

Cp	Treffer-W % sol.	soz.	nicht q %	E für 37	Cp	Treffer-W % sol.	soz.	nicht q %	E für 37
101	0.1745	93.7168	6.283	34.68	151	0.044	98.403	1.597	36.41
102	0.1698	93.8867	6.113	34.74	152	0.043	98.446	1.554	36.43
103	0.1652	94.0519	5.948	34.80	153	0.042	98.488	1.512	36.44
104	0.1608	94.2126	5.787	34.86	154	0.041	98.529	1.471	36.46
105	0.1564	94.3691	5.631	34.92	155	0.040	98.569	1.431	36.47
106	0.1522	94.5212	5.479	34.97	156	0.039	98.608	1.392	36.48
107	0.1481	94.6693	5.331	35.03	157	0.038	98.645	1.355	36.50
108	0.1441	94.8134	5.187	35.08	158	0.037	98.682	1.318	**36.51**
109	0.1402	94.9536	5.046	35.13	159	0.036	98.718	1.282	36.53
110	0.1364	95.09	4.910	35.18	160	0.035	98.752	1.248	36.54
111	0.1327	95.2227	4.777	35.23	161	0.034	98.786	1.214	36.55
112	0.1291	95.3518	4.648	35.28	162	0.033	98.819	1.181	36.56
113	0.1256	95.4774	4.523	35.33	163	0.032	98.851	1.149	36.57
114	0.1222	95.5996	4.400	35.37	164	0.031	98.882	1.118	36.59
115	0.1189	95.7186	4.281	35.42	165	0.030	98.912	1.088	36.60
116	0.1157	95.8343	4.166	35.46	166	0.029	98.941	1.059	36.61
117	0.1126	95.9469	4.053	35.50	167	0.029	98.970	1.030	36.62
118	0.1095	96.0564	3.944	35.54	168	0.028	98.998	1.002	36.63
119	0.1066	96.163	3.837	35.58	169	0.027	99.025	0.975	36.64
120	0.1037	96.2667	3.733	35.62	170	0.026	99.051	0.949	36.65
121	0.1009	96.3676	3.632	35.66	171	0.026	99.077	0.923	36.66
122	0.0982	96.4658	3.534	35.69	172	0.025	99.102	0.898	36.67
123	0.0955	96.5613	3.439	35.73	173	0.024	99.126	0.874	36.68
124	0.0929	96.6542	3.346	35.76	174	0.024	99.150	0.850	36.69
125	0.0904	96.7447	3.255	35.80	175	0.023	99.173	0.827	36.69
126	0.0880	96.8326	3.167	35.83	176	0.022	99.195	0.805	36.70
127	0.0856	96.9182	3.082	35.86	177	0.022	99.217	0.783	36.71
128	0.0833	97.00	2.998	35.89	178	0.021	99.238	0.762	36.72
129	0.0810	97.0826	2.917	35.92	179	0.021	99.259	0.741	36.73
130	0.0788	97.1614	2.839	35.95	180	0.020	99.279	0.721	36.73
131	0.0767	97.2381	2.762	35.98	181	0.019	99.298	0.702	36.74
132	0.0746	97.3128	2.687	36.01	182	0.019	99.317	0.683	36.75
133	0.0726	97.3854	2.615	36.03	183	0.018	99.336	0.664	36.75
134	0.0707	97.4561	2.544	36.06	184	0.018	99.354	0.646	36.76
135	0.0688	97.5248	2.475	36.08	185	0.017	99.371	0.629	36.77
136	0.0669	97.5917	2.408	36.11	186	0.017	99.388	0.612	36.77
137	0.0651	97.6568	2.343	36.13	187	0.017	99.405	0.595	36.78
138	0.0633	97.7201	2.280	36.16	188	0.016	99.421	0.579	36.79
139	0.0616	97.7818	2.218	36.18	189	0.016	99.436	0.564	36.79
140	0.0600	97.8417	2.158	36.20	190	0.015	99.452	0.548	36.80
141	0.0583	97.90	2.100	36.22	191	0.015	99.466	0.534	36.80
142	0.0568	97.9568	2.043	36.24	192	0.014	99.481	0.519	36.81
143	0.0552	98.012	1.988	36.26	193	0.014	99.495	0.505	36.81
144	0.0537	98.0658	1.934	36.28	194	0.014	99.508	0.492	36.82
145	0.0523	98.118	1.882	36.30	195	0.013	99.522	0.478	36.82
146	0.0509	98.1689	1.831	36.32	196	0.013	99.535	0.465	36.83
147	0.0495	98.2184	1.782	36.34	197	0.013	99.547	0.453	36.83
148	0.0482	98.2665	1.733	36.36	198	0.012	99.559	0.441	36.84
149	0.0469	98.3134	1.687	36.38	199	0.012	99.571	0.429	36.84
150	0.0456	98.359	1.641	36.39	200	0.012	99.583	0.417	36.85

Treffer-W % der Plein-Chance

m = 1

Cp	sol.	soz.	nicht q %	E für 37	Cp	sol.	soz.	nicht q %	E für 37
201	0.0113	99.5943	0.406	36.85	251	0.003	99.897	0.103	36.96
202	0.0110	99.6052	0.395	36.85	252	0.003	99.900	0.100	36.96
203	0.0107	99.6159	0.384	36.86	253	0.003	99.902	0.098	36.96
204	0.0104	99.6263	0.374	36.86	254	0.003	99.905	0.095	36.96
205	0.0101	99.6364	0.364	36.87	255	0.003	99.908	0.092	36.97
206	0.0098	99.6462	0.354	36.87	256	0.002	99.910	0.090	36.97
207	0.0096	99.6558	0.344	36.87	257	0.002	99.913	0.087	36.97
208	0.0093	99.6651	0.335	36.88	258	0.002	99.915	0.085	36.97
209	0.0091	99.6741	0.326	36.88	259	0.002	99.917	0.083	36.97
210	0.0088	99.6829	0.317	36.88	260	0.002	99.919	0.081	36.97
211	0.0086	99.6915	0.309	36.89	261	0.002	99.922	0.078	36.97
212	0.0083	99.6998	0.300	36.89	262	0.002	99.924	0.076	36.97
213	0.0081	99.7079	0.292	36.89	263	0.002	99.926	0.074	36.97
214	0.0079	99.7158	0.284	36.89	264	0.002	99.928	0.072	36.97
215	0.0077	99.7235	0.276	36.90	265	0.002	99.930	0.070	36.97
216	0.0075	**99.731**	0.269	36.90	266	0.002	99.932	0.068	36.97
217	0.0073	99.7383	0.262	36.90	267	0.002	99.933	0.067	36.98
218	0.0071	99.7453	0.255	36.91	268	0.002	99.935	0.065	36.98
219	0.0069	99.7522	0.248	36.91	269	0.002	99.937	0.063	36.98
220	0.0067	99.7589	0.241	36.91	270	0.002	99.939	0.061	36.98
221	0.0065	99.7654	0.235	36.91	271	0.002	99.940	0.060	36.98
222	0.0063	99.7718	0.228	36.92	272	0.002	99.942	0.058	36.98
223	0.0062	99.7779	0.222	36.92	273	0.002	99.944	0.056	36.98
224	0.0060	99.7839	0.216	36.92	274	0.002	99.945	0.055	36.98
225	0.0058	99.7898	0.210	36.92	275	0.001	99.947	0.053	36.98
226	0.0057	99.7955	0.205	36.92	276	0.001	99.948	0.052	36.98
227	0.0055	99.801	0.199	36.93	277	0.001	99.949	0.051	36.98
228	0.0054	99.8064	0.194	36.93	278	0.001	99.951	0.049	36.98
229	0.0052	99.8116	0.188	36.93	279	0.001	99.952	0.048	36.98
230	0.0051	99.8167	0.183	36.93	280	0.001	99.953	0.047	36.98
231	0.0050	99.8216	0.178	36.93	281	0.001	99.955	0.045	36.98
232	0.0048	99.8265	0.174	36.94	282	0.001	99.956	0.044	36.98
233	0.0047	99.8312	0.169	36.94	283	0.001	99.957	0.043	36.98
234	0.0046	99.8357	0.164	36.94	284	0.001	99.958	0.042	36.98
235	0.0044	99.840	0.160	36.94	285	0.001	99.959	0.041	36.98
236	0.0043	99.8445	0.156	36.94	286	0.001	99.960	0.040	36.99
237	0.0042	99.8487	0.151	36.94	287	0.001	99.962	0.038	36.99
238	0.0041	99.8528	0.147	36.95	288	0.001	99.963	0.037	36.99
239	0.0040	99.8568	0.143	36.95	289	0.001	99.964	0.036	36.99
240	0.0039	99.8606	0.139	36.95	290	0.001	99.965	0.035	36.99
241	0.0038	99.8644	0.136	36.95	291	0.001	99.966	0.034	36.99
242	0.0037	99.8681	0.132	36.95	292	0.001	99.966	0.034	36.99
243	0.0036	99.8716	0.128	36.95	293	0.001	99.967	0.033	36.99
244	0.0035	99.8751	0.125	36.95	294	0.001	99.968	0.032	36.99
245	0.0034	99.8785	0.122	36.96	295	0.001	99.969	0.031	36.99
246	0.0033	99.8818	0.118	36.96	296	0.001	99.970	0.030	36.99
247	0.0032	99.8849	0.115	36.96	297	0.001	99.971	0.029	36.99
248	0.0031	99.8881	0.112	36.96	298	0.001	99.972	0.028	36.99
249	0.0030	99.8911	0.109	36.96	299	0.001	99.972	0.028	36.99
250	0.0029	99.894	0.106	36.96	300	0.001	99.973	0.027	36.99

Die Trefferwahrscheinlichkeit Tw für jede beliebige Zahl , die wir verfolgen bzw. erwarten, verläuft also nach der so genannten *Exponential-Verteilung*. Das bedeutet: die Tw ist im ersten Coup am größten, nämlich immer 2.7 %, aber sie nimmt für sich betrachtet (*solitär*) mit jedem Coup ab. Dagegen steigt natürlich die Tw insgesamt betrachtet (*soziabel*) mit jedem weiteren Coup an, ohne theoretisch je 100 % zu erreichen. Aber das ist bei einer Ereignismenge von nur 37 verschiedenen Nummern wirklich reine Theorie.

Im folgenden geben wir eine Tabelle der Tw für eine einzelne Nummer wieder, und zwar sowohl solitär als auch soziabel in %. Gleichzeitig gilt dieser Rechenprozess aber auch für die Anzahl a l l e r Nummern, die bis zum jeweiligen Coup n durchschnittlich *mindestens einmal* erscheinen werden. Diese Zahlen nennt man *Erwartungswerte*.

Treffer-W der Cheval - Chance

Cp	Treffer-W % sol.	soz.	Nicht q % soz.	Cp	Treffer-W % sol.	soz.	Nicht q % soz.
1	5.4054	5.4054	94.590	51	0.3358	94.123	5.880
2	5.1132	10.519	89.480	52	0.3177	94.44	5.560
3	4.8368	15.355	84.640	53	0.3005	94.741	5.260
4	4.5754	19.931	80.070	54	0.2843	95.025	4.970
5	4.3281	24.259	75.740	55	0.2689	95.294	4.710
6	4.0941	28.353	71.650	56	0.2544	95.548	4.450
7	3.8728	32.226	67.770	57	0.2406	95.789	4.210
8	3.6635	35.889	64.110	58	0.2276	96.017	3.980
9	3.4654	39.355	60.650	59	0.2153	96.232	3.770
10	3.2781	42.633	57.370	60	0.2037	96.436	3.560
11	3.1009	45.734	54.270	61	0.1927	96.628	3.370
12	2.9333	48.667	51.330	62	0.1823	96.811	3.190
13	2.7748	51.442	48.560	63	0.1724	96.983	3.020
14	2.6248	54.067	45.930	64	0.1631	97.146	2.850
15	2.4829	56.549	43.450	65	0.1543	97.3	2.700
16	2.3487	58.898	41.100	66	0.1459	97.446	2.550
17	2.2217	61.12	38.880	67	0.138	97.584	2.420
18	2.1016	63.222	36.780	68	0.1306	97.715	2.290
19	1.988	65.21	34.790	69	0.1235	97.838	2.160
20	1.8806	67.09	32.910	70	0.1168	97.955	2.040
21	1.7789	68.869	31.130	71	0.1105	98.066	1.930
22	1.6828	70.552	29.450	72	0.1046	98.17	1.830
23	1.5918	72.144	27.860	73	0.0989	98.269	1.730
24	1.5058	73.649	26.350	74	0.0936	98.363	1.640
25	1.4244	75.074	24.930	75	0.0885	98.451	1.550
26	1.3474	76.421	23.580	76	0.0837	98.535	1.470
27	1.2745	77.696	22.300	77	0.0792	98.614	1.390
28	1.2056	78.901	21.100	78	0.0749	98.689	1.310
29	1.1405	80.042	19.960	79	0.0709	98.76	1.240
30	1.0788	81.121	18.880	80	0.067	98.827	1.170
31	1.0205	82.141	17.860	81	0.0634	98.89	1.110
32	0.9653	83.106	16.890	82	0.06	98.95	1.050
33	0.9132	84.02	15.980	83	0.0567	99.007	0.990
34	0.8638	84.883	15.120	84	0.0537	99.061	0.940
35	0.8171	85.7	14.300	85	0.0508	99.112	0.890
36	0.7729	86.473	13.530	86	0.048	99.16	0.840
37	0.7312	87.205	12.800	87	0.0454	99.205	0.800
38	0.6916	87.896	12.100	88	0.043	99.248	0.750
39	0.6543	88.551	11.450	89	0.0407	99.289	0.710
40	0.6189	89.169	10.830	90	0.0385	99.327	0.670
41	0.5854	89.755	10.250	91	0.0364	99.363	0.640
42	0.5538	90.309	9.690	92	0.0344	99.398	0.600
43	0.5239	90.832	9.170	93	0.0325	99.43	0.570
44	0.4955	91.328	8.670	94	0.0308	99.461	0.540
45	0.4688	91.797	8.200	95	0.0291	99.49	0.510
46	0.4434	92.24	7.760	96	0.0276	99.518	0.480
47	0.4194	92.66	7.340	97	0.0261	99.544	0.460
48	0.3968	93.056	6.940	98	0.0247	99.569	0.430
49	0.3753	93.432	6.570	99	0.0233	99.592	0.410
50	0.355	93.787	6.210	100	0.0221	99.614	0.390

m = 3 **Treffer-W der Transversale pleine (Tp)**

Cp	Treffer-W % sol.	soz.	Nicht q % soz.	Cp	Treffer-W % sol.	soz.	Nicht q % soz.
1	8.1081	8.1081	91.890	51	0.1182	98.66	1.340
2	7.4507	15.559	84.440	52	0.1087	98.769	1.230
3	6.8466	22.405	77.590	53	0.0998	98.868	1.130
4	6.2915	28.697	71.300	54	0.0918	98.96	1.040
5	5.7813	34.478	65.520	55	0.0843	99.044	0.960
6	5.3126	39.791	60.210	56	0.0775	99.122	0.880
7	4.8818	44.673	55.330	57	0.0712	99.193	0.810
8	4.486	49.159	50.840	58	0.0654	99.259	0.740
9	4.1223	53.281	46.720	59	0.0601	99.319	0.680
10	3.788	57.069	42.930	60	0.0552	99.374	0.630
11	3.4809	60.55	39.450	61	0.0508	99.425	0.580
12	3.1987	63.748	36.250	62	0.0466	99.471	0.530
13	2.9393	66.688	33.310	63	0.0429	99.514	0.490
14	2.701	69.389	30.610	64	0.0394	99.554	0.450
15	2.482	71.871	28.130	65	0.0362	99.59	0.410
16	2.2807	74.152	25.850	66	0.0333	99.623	0.380
17	2.0958	76.247	23.750	67	0.0306	99.654	0.350
18	1.9259	78.173	21.830	68	0.0281	99.682	0.320
19	1.7697	79.943	20.060	69	0.0258	99.707	0.290
20	1.6262	81.569	18.430	70	0.0237	99.731	0.270
21	1.4944	83.064	16.940	71	0.0218	99.753	0.250
22	1.3732	84.437	15.560	72	0.02	99.773	0.230
23	1.2619	85.699	14.300	73	0.0184	99.791	0.210
24	1.1596	86.858	13.140	74	0.0169	99.808	0.190
25	1.0655	87.924	12.080	75	0.0155	99.824	0.180
26	0.9792	88.903	11.100	76	0.0143	99.838	0.160
27	0.8998	89.803	10.200	77	0.0131	99.851	0.150
28	0.8268	90.63	9.370	78	0.0121	99.863	0.140
29	0.7598	91.389	8.610	79	0.0111	99.874	0.130
30	0.6982	92.087	7.910	80	0.0102	99.885	0.120
31	0.6416	92.729	7.270	81	0.0094	99.894	0.110
32	0.5895	93.319	6.680	82	0.0086	99.903	0.100
33	0.5417	93.86	6.140	83	0.0079	99.91	0.090
34	0.4978	94.358	5.640	84	0.0073	99.918	0.080
35	0.4575	94.816	5.180	85	0.0067	99.924	0.080
36	0.4204	95.236	4.760	86	0.0061	99.931	0.070
37	0.3863	95.622	4.380	87	0.0056	99.936	0.060
38	0.355	95.977	4.020	88	0.0052	99.941	0.060
39	0.3262	96.303	3.700	89	0.0048	99.946	0.050
40	0.2997	96.603	3.400	90	0.0044	99.95	0.050
41	0.2754	96.878	3.120	91	0.004	99.954	0.050
42	0.2531	97.132	2.870	92	0.0037	99.958	0.040
43	0.2326	97.364	2.640	93	0.0034	99.962	0.040
44	0.2137	97.578	2.420	94	0.0031	99.965	0.040
45	0.1964	97.774	2.230	95	0.0029	99.968	0.030
46	0.1805	97.955	2.050	96	0.0026	99.97	0.030
47	0.1658	98.121	1.880	97	0.0024	99.973	0.030
48	0.1524	98.273	1.730	98	0.0022	99.975	0.030
49	0.14	98.413	1.590	99	0.002	99.977	0.020
50	0.1287	98.542	1.460	100	0.0019	99.979	0.020

Treffer-W der Carré - Chance

Cp	Treffer-W % sol.	soz.	Nicht q % soz.	Cp	Treffer-W % sol.	soz.	Nicht q % soz.
1	10.811	10.811	89.190	51	0.0354	99.708	0.290
2	9.6421	20.453	79.550	52	0.0316	99.739	0.260
3	8.5997	29.053	70.950	53	0.0282	99.767	0.230
4	7.67	36.723	63.280	54	0.0251	99.793	0.210
5	6.8408	43.563	56.440	55	0.0224	99.815	0.190
6	6.1013	49.665	50.340	56	0.02	99.835	0.170
7	5.4417	55.106	44.890	57	0.0178	99.853	0.150
8	4.8534	59.96	40.040	58	0.0159	99.869	0.130
9	4.3287	64.288	35.710	59	0.0142	99.883	0.120
10	3.8607	68.149	31.850	60	0.0127	99.896	0.100
11	3.4433	71.592	28.410	61	0.0113	99.907	0.090
12	3.0711	74.664	25.340	62	0.0101	99.917	0.080
13	2.7391	77.403	22.600	63	0.009	99.926	0.070
14	2.443	79.846	20.150	64	0.008	99.934	0.070
15	2.1789	82.024	17.980	65	0.0071	99.941	0.060
16	1.9433	83.968	16.030	66	0.0064	99.947	0.050
17	1.7332	85.701	14.300	67	0.0057	99.953	0.050
18	1.5458	87.247	12.750	68	0.0051	99.958	0.040
19	1.3787	88.626	11.370	69	0.0045	99.963	0.040
20	1.2297	89.855	10.140	70	0.004	99.967	0.030
21	1.0967	90.952	9.050	71	0.0036	99.97	0.030
22	0.9782	91.93	8.070	72	0.0032	99.974	0.030
23	0.8724	92.803	7.200	73	0.0029	99.976	0.020
24	0.7781	93.581	6.420	74	0.0026	99.979	0.020
25	0.694	94.275	5.730	75	0.0023	99.981	0.020
26	0.619	94.894	5.110	76	0.002	99.983	0.020
27	0.552	95.446	4.550	77	0.0018	99.985	0.010
28	0.4924	95.938	4.060	78	0.0016	99.987	0.010
29	0.4391	96.377	3.620	79	0.0014	99.988	0.010
30	0.3917	96.769	3.230	80	0.0013	99.989	0.010
31	0.3493	97.118	2.880	81	0.0011	99.991	0.010
32	0.3116	97.43	2.570	82	0.001	99.992	0.010
33	0.2779	97.708	2.290	83	0.0009	99.992	0.010
34	0.2478	97.955	2.040	84	0.0008	99.993	0.010
35	0.221	98.176	1.820	85	0.0007	99.994	0.010
36	0.1971	98.374	1.630	86	0.0006	99.995	0.010
37	0.1758	98.549	1.450	87	0.0006	99.995	0.000
38	0.1568	98.706	1.290				
39	0.1399	98.846	1.150				
40	0.1247	98.971	1.030				
41	0.1113	99.082	0.920				
42	0.0992	99.181	0.820				
43	0.0885	99.27	0.730				
44	0.0789	99.349	0.650				
45	0.0704	99.419	0.580				
46	0.0628	99.482	0.520				
47	0.056	99.538	0.460				
48	0.0499	99.588	0.410				
49	0.0445	99.632	0.370				
50	0.0397	99.672	0.330				

Cp	Treffer-W % sol.	Treffer-W % soz.	Nicht q % soz.	Cp	Treffer-W % sol.	Treffer-W % soz.	Nicht q % soz.
1	13.514	13.514	86.490	51	0.0095	99.939	0.060
2	11.687	25.201	74.800	52	0.0082	99.947	0.050
3	10.108	35.309	64.690	53	0.0071	99.954	0.050
4	8.742	44.051	55.950	54	0.0062	99.961	0.040
5	7.5607	51.612	48.390	55	0.0053	99.966	0.030
6	6.539	58.151	41.850	56	0.0046	99.971	0.030
7	5.6553	63.806	36.190	57	0.004	99.975	0.030
8	4.8911	68.697	31.300	58	0.0034	99.978	0.020
9	4.2301	72.927	27.070	59	0.003	99.981	0.020
10	3.6585	76.586	23.410	60	0.0026	99.984	0.020
11	3.1641	79.75	20.250	61	0.0022	99.986	0.010
12	2.7365	82.486	17.510	62	0.0019	99.988	0.010
13	2.3667	84.853	15.150	63	0.0017	99.989	0.010
14	2.0469	86.9	13.100	64	0.0014	99.991	0.010
15	1.7703	88.67	11.330	65	0.0012	99.992	0.010
16	1.5311	90.201	9.800	66	0.0011	99.993	0.010
17	1.3242	91.525	8.470	67	0.0009	99.994	0.010
18	1.1452	92.671	7.330	68	0.0008	99.995	0.010
19	0.9905	93.661	6.340	69	0.0007	99.996	0.000
20	0.8566	94.518	5.480				
21	0.7409	95.259	4.740				
22	0.6407	95.899	4.100				
23	0.5542	96.453	3.550				
24	0.4793	96.933	3.070				
25	0.4145	97.347	2.650				
26	0.3585	97.706	2.290				
27	0.31	98.016	1.980				
28	0.2681	98.284	1.720				
29	0.2319	98.516	1.480				
30	0.2006	98.716	1.280				
31	0.1735	98.89	1.110				
32	0.15	99.04	0.960				
33	0.1298	99.17	0.830				
34	0.1122	99.282	0.720				
35	0.0971	99.379	0.620				
36	0.0839	99.463	0.540				
37	0.0726	99.535	0.460				
38	0.0628	99.598	0.400				
39	0.0543	99.652	0.350				
40	0.047	99.699	0.300				
41	0.0406	99.74	0.260				
42	0.0351	99.775	0.220				
43	0.0304	99.806	0.190				
44	0.0263	99.832	0.170				
45	0.0227	99.855	0.150				
46	0.0197	99.874	0.130				
47	0.017	99.891	0.110				
48	0.0147	99.906	0.090				
49	0.0127	99.919	0.080				
50	0.011	99.93	0.070				

Treffer-W einer Transversale simple (Ts)

Cp	Treffer-W % sol.	Treffer-W % soz.	Nicht q % soz.	Cp	Treffer-W % sol.	Treffer-W % soz.	Nicht q % soz.
1	16.216	16.216	83.780	51	0.0023	99.988	0.010
2	13.587	29.803	70.200	52	0.002	99.99	0.010
3	11.383	41.186	58.810	53	0.0016	99.992	0.010
4	9.5374	50.723	49.280	54	0.0014	99.993	0.010
5	7.9908	58.714	41.290	55	0.0011	99.994	0.010
6	6.695	65.409	34.590	56	0.001	99.995	0.000
7	5.6093	71.019	28.980				
8	4.6997	75.718	24.280				
9	3.9376	79.656	20.340				
10	3.2991	82.955	17.050				
11	2.7641	85.719	14.280				
12	2.3158	88.035	11.970				
13	1.9403	89.975	10.020				
14	1.6257	91.601	8.400				
15	1.362	92.963	7.040				
16	1.1412	94.104	5.900				
17	0.9561	95.06	4.940				
18	0.8011	95.861	4.140				
19	0.6712	96.532	3.470				
20	0.5623	97.095	2.910				
21	0.4711	97.566	2.430				
22	0.3947	97.961	2.040				
23	0.3307	98.291	1.710				
24	0.2771	98.568	1.430				
25	0.2322	98.801	1.200				
26	0.1945	98.995	1.000				
27	0.163	99.158	0.840				
28	0.1365	99.295	0.710				
29	0.1144	99.409	0.590				
30	0.0958	99.505	0.500				
31	0.0803	99.585	0.410				
32	0.0673	99.652	0.350				
33	0.0564	99.709	0.290				
34	0.0472	99.756	0.240				
35	0.0396	99.796	0.200				
36	0.0332	99.829	0.170				
37	0.0278	99.856	0.140				
38	0.0233	99.88	0.120				
39	0.0195	99.899	0.100				
40	0.0163	99.916	0.080				
41	0.0137	99.929	0.070				
42	0.0115	99.941	0.060				
43	0.0096	99.95	0.050				
44	0.0081	99.958	0.040				
45	0.0067	99.965	0.030				
46	0.0057	99.971	0.030				
47	0.0047	99.976	0.020				
48	0.004	99.98	0.020				
49	0.0033	99.983	0.020				
50	0.0028	99.986	0.010				

Treffer-W 1/4 -Chance (3 Tp)   **Treffer-W Dutzend/Kolonnen-Chance**

m=9	Treffer-W %		Nicht q %	m=12	Treffer-W %		Nicht q %
Cp	**sol.**	**soz.**	**soz.**	**Cp**	**sol.**	**soz.**	**soz.**
1	24.324	24.324	75.680	1	32.432	32.432	67.570
2	18.408	42.732	57.270	2	21.914	54.346	45.650
3	13.93	56.662	43.340	3	14.807	69.153	30.850
4	10.542	67.204	32.800	4	10.004	79.157	20.840
5	7.9775	75.181	24.820	5	6.7598	85.917	14.080
6	6.037	81.218	18.780	6	4.5674	90.485	9.520
7	4.5686	85.787	14.210	7	3.0861	93.571	6.430
8	3.4573	89.244	10.760	8	2.0852	95.656	4.340
9	2.6163	91.86	8.140	9	1.4089	97.065	2.940
10	1.9799	93.84	6.160	10	0.952	98.017	1.980
11	1.4983	95.339	4.660	11	0.6432	98.66	1.340
12	1.1339	96.472	3.530	12	0.4346	99.095	0.910
13	0.8581	97.33	2.670	13	0.2937	99.388	0.610
14	0.6493	97.98	2.020	14	0.1984	99.587	0.410
15	0.4914	98.471	1.530	15	0.1341	99.721	0.280
16	0.3719	98.843	1.160	16	0.0906	99.811	0.190
17	0.2814	99.124	0.880	17	0.0612	99.872	0.130
18	0.213	99.337	0.660	18	0.0414	99.914	0.090
19	0.1612	99.499	0.500	19	0.0279	99.942	0.060
20	0.122	99.621	0.380	20	0.0189	99.961	0.040
21	0.0923	99.713	0.290	21	0.0128	99.973	0.030
22	0.0698	99.783	0.220	22	0.0086	99.982	0.020
23	0.0529	99.836	0.160	23	0.0058	99.988	0.010
24	0.04	99.876	0.120	24	0.0039	99.992	0.010
25	0.0303	99.906	0.090	25	0.0027	99.994	0.010
26	0.0229	99.929	0.070	26	0.0018	99.996	0.000
27	0.0173	99.946	0.050				
28	0.0131	99.959	0.040				
29	0.0099	99.969	0.030				
30	0.0075	99.977	0.020				
31	0.0057	99.982	0.020				
32	0.0043	99.987	0.010				
33	0.0033	99.99	0.010				
34	0.0025	99.992	0.010				
35	0.0019	99.994	0.010				
36	0.0014	99.996	0.000				

Treffer-W einer Einfachen Chance

m = 18	Treffer-W %		Nicht q %
Cp	sol.	soz.	soz.
1	48.649	48.649	51.351
2	24.982	73.630	26.370
3	12.829	86.459	13.541
4	6.5876	93.046	6.954
5	3.3828	96.429	3.571
6	1.7371	98.166	1.834
7	0.892	99.058	0.942
8	0.4581	99.517	0.484
9	0.2352	99.752	0.248
10	0.1208	99.873	0.128
11	0.062	99.935	0.066
12	0.0319	99.966	0.034
13	0.0164	99.983	0.017
14	0.0084	99.991	0.009
15	0.0043	99.995	0.005
16	0.0022	99.998	0.002
17	0.0011	99.999	0.001
18	0.0006	99.999	0.001
19	0.0003	100.00	0.000
20	0.0002	100.00	0.000

Treffer-W einer Einfachen Chance
mit Zero-Versicherung

m = 19	Treffer-W %		Nicht q %
Cp	**sol.**	**soz.**	**soz.**
1	51.351	51.351	48.649
2	24.982	76.333	23.667
3	12.153	88.486	11.514
4	5.9124	94.399	5.601
5	2.8763	97.275	2.725
6	1.3993	98.674	1.326
7	0.6807	99.355	0.645
8	0.3312	99.686	0.314
9	0.1611	99.847	0.153
10	0.0784	99.926	0.074
11	0.0381	99.964	0.036
12	0.0185	99.982	0.018
13	0.009	99.992	0.009
14	0.0044	99.996	0.004
15	0.0021	99.998	0.002
16	0.001	99.999	0.001
17	0.0005	100.00	0.001
18	0.0002	100.00	0.000
19	0.0001	100.00	0.000
20	0.0001	100.00	0.000
21	0	100.00	0.000

Normalverteilung

Obwohl wir mit der Normalverteilung in der Roulett-Theorie nicht viel im Sinn haben, gerade weil sie ein Produkt aus dem Gesetz der großen Zahlen darstellt, müssen wir diese bekannte Verteilung erwähnen. Die Normalverteilung als solche hat aber deshalb für uns keine Bedeutung, weil überschaubare Strecken von Permanenzzahlen alles andere, als „normalverteilt" sind.

Erst ab einem Durchschnitt von 10 Ereignissen, dh. ab 370 Coups kann man sich hilfsweise mit ausreichender Genauigkeit der sehr einfachen Formel der Normalverteilung bedienen.

Wie wichtigsten Werte der Normalverteilung sind:

Mittelwert	= μ	griechisch für m (gespr. Mü) und die
Standardabweichung	= σ,	die ebenfalls mit einem kleinen griechischen Buchstaben bezeichnet wird (gespr. Sigma)
Anzahl Spiele	= n	
durchschn. Treffer-Ch	= p	
Nichttreffer-Chance	= q	

Innerhalb der „stetigen" Normalverteilung gibt es ein Maß für die so genannte *Standardabweichung*. Die Standardabweichung ist eine Größe für die Streuung der Ereignisse um ihren Mittelwert. Die Formel dafür lautet:

$$\mu = n * p \quad \text{und}$$

$$\sigma = \sqrt{\mu * q}$$

Für den Wurzelausdruck kann man auch die Potenz $^\wedge \frac{1}{2}$ setzen.

Genau im Abstand von 1 Standardabweichung links und rechts vom mittleren Erwartungswert μ hat die bekannte Glockenkurve der Normalverteilung ihren Wendepunkt. Hier verändert sich also ihre vom Mittelpunkt ausgehende beiderseitige Krümmung nach unten in eine Krümmung zur Horizontalen, so daß die Kurve schließlich in der Höhe Null zu beiden Seiten in die Grundgerade ausläuft.

Die Fläche beiderseits des mittleren Erwartungswertes μ bis zum Abstand von e i n e r Standardabweichung σ beträgt je 34,13 % des gesamten Flächeninhalts. Beiderseits beträgt der Flächeninhalt innerhalb 1 σ folglich 68,26 %.

Mit anderen Worten, wenn wir die Standardabweichung kennen, dann wissen wir auch, dass rund 2/3 aller Ereignisse sich innerhalb dieser Grenzen von 1 σ über und unter dem mittleren Erwartungswert μ häufen. Je zwei Standardabweichungen begrenzen insgesamt 95,44 % aller Ereignisse und 3 σ umfassen schließlich fast den gesamten Ereignisraum, nämlich 99,73 %. Der winzige Rest im positiven und negativen Bereich wird von der allgemeinen Statistik praktisch vernachlässigt.

Hier bringen wir eine Abbildung der so genannten standardisierten Normalverteilung, die meist als „Glockenkurve" bezeichnet wird..

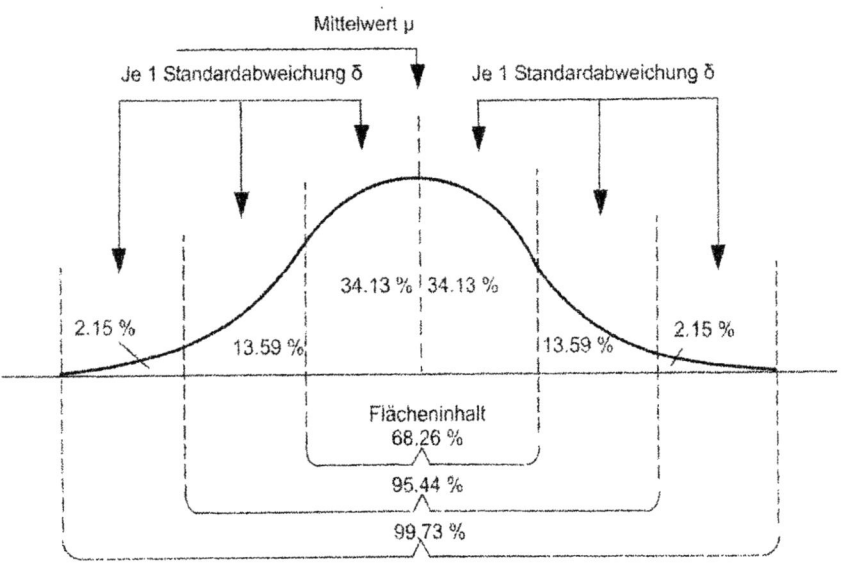

Die so genannte Glockenkurve, auch als Gauss-Kurve bezeichnet

Wir wollen jetzt prüfen, wie weit die statistische Normalverteilung mit ihren 3 Standardabweichungen sich an unterschiedlich großen Mengen von aus Random generierten Roulettzahlen bestätigt. Dazu haben wir mittels eines amerikanischen Testprogramms „J 406" zunächst 100 mal getestet, wie weit die jeweils häufigste und seltenste Zahl bei 370 000 Coups vom Mittelwert 10 000 abweicht. Die einfache „Std. Deviation" (1 σ) = 98.6, folglich 3 σ = 296. Innerhalb 100 Abfragen war die größte Abweichung 10 405 (3,9 σ), insgesamt 6 mal wurde die Grenze von 10 296 auf der positiven Seite überschritten, dh. in 6 % der Fälle.

Dagegen wurde die negative 3σ-Schranke von 10 000 – 296 = 9 704 nur vier mal unterschritten, also in 4 % der Fälle. Dennoch belaufen sich die Quersummen der beiden Extremwerte immer nahe dem 2 fachen Mittelwert, die Abweichungen sind also annähernd symmetrisch, dh. „normalverteilt". Es erfüllt sich das Gesetz der großen Zahl..

1 Test über 370 000 Coups (große Zahl)

	chronologisch		geordnet			chronologisch		geordnet	
	Min	Max	Min	Max		Min	Max	Min	Max
1	9810	10167	9613	10405	51	9805	10230	9790	10206
2	9708	10161	9680	10382	52	9758	10170	9792	10206
3	9825	10236	9688	10356	53	9730	10189	9793	10206
4	9772	10271	9692	10326	54	9790	10237	9795	10206
5	9688	10217	9708	10299	55	9773	10239	9798	10204
6	9839	10199	9711	10297	56	9779	10299	9800	10200
7	9867	10188	9711	10293	57	9854	10173	9800	10199
8	9798	10184	9713	10293	58	9857	10191	9803	10199
9	9813	10197	9718	10290	59	9770	10290	9804	10198
10	9841	10178	9718	10289	60	9768	10168	9805	10197
11	9718	10289	9726	10284	61	9809	10193	9805	10195
12	9743	10219	9729	10278	62	9805	10207	9805	10195
13	9711	10153	9730	10275	63	9800	10174	9806	10194
14	9765	10176	9735	10275	64	9778	10250	9808	10193
15	9824	10271	9735	10271	65	9867	10172	9808	10193
16	9774	10219	9738	10271	66	9790	10194	9809	10191
17	9805	10216	9743	10270	67	9816	1021	9809	10190
18	9806	10207	9748	10254	68	9748	10356	9810	10189
19	9756	10144	9754	10254	69	9773	10219	9810	10188
20	9711	10237	9756	10253	70	9759	10253	9811	10188
21	9786	10275	9756	10250	71	9833	10254	9812	10187
22	9835	10236	9757	10246	72	9834	10200	9813	10185
23	9809	10382	9758	10242	73	9861	10209	9815	10184
24	9762	10270	9758	10241	74	9770	10284	9816	10183
25	9787	10161	9759	10241	75	9869	10206	9820	10181
26	9692	10190	9762	10239	76	9713	10168	9821	10180
27	9768	10145	9765	10237	77	9774	10209	9823	10178
28	9786	10160	9768	10237	78	9756	10297	9824	10178
29	9771	10207	9768	10236	79	9771	10230	9825	10177
30	9785	10164	9770	10236	80	9827	10178	9825	10176
31	9800	10242	9770	10235	81	9792	10185	9827	10174
32	9777	10254	9771	10230	82	9718	10195	9828	10173
33	9729	10275	9771	10230	83	9804	10220	9833	10172
34	9808	10211	9772	10226	84	9778	10293	9833	10172
35	9811	10211	9773	10224	85	9815	10168	9833	10170
36	9775	10206	9773	10220	86	9793	10151	9834	10168
37	9828	10405	9774	10219	87	9843	10193	9835	10168
38	9820	10235	9774	10219	88	9837	10293	9837	10168
39	9803	10157	9775	10219	89	9825	10206	9839	10167
40	9823	10206	9776	10218	90	9680	10172	9841	10164
41	9847	10181	9777	10217	91	9862	10226	9843	10164
42	9821	10195	9778	10216	92	9735	10326	9847	10161
43	9810	10224	9778	10211	93	9726	10204	9853	10161
44	9808	10278	9779	10211	94	9812	10177	9854	10161
45	9738	10183	9785	10209	95	9754	10187	9857	10160
46	9790	10207	9786	10209	96	9613	10199	9861	10157
47	9735	10164	9786	10207	97	9758	10188	9862	10153
48	9853	10161	9787	10207	98	9795	10180	9867	10151
49	9833	10246	9790	10207	99	9757	10218	9867	10145
50	9833	10198	9790	10207	100	9776	10241	9869	10144

Min	Max	Min	Max		Min	Max	Min	Max
chronologisch		geordnet			chronologisch		geordnet	

Pos. Std.Dev brutto 10295.9
Neg. Std.Dev brutto 9704.1

In 370 000 Coups

Jetzt bewegen wir uns schrittweise nach unten zu 10fach kleineren Coupmengen. Betrachten wir als nächstes die maximalen und minimalen h-Werte aus 3 mal 100 empirischen Test von je 37 000 Coups (RND). Auf der zweiten Seite sind unten die Endauswertungen angegeben.

Zunächst die Erklärung der 8 Fußzeilen:

1   durchschn. absolute Häufigkeit h der Extremwerte
2   absoluter Extremwert von h
3   absolute Abweichungen von 3σ
4   effektiv erreichte x-fache σ-Grenze
5   mathematische Schranke für 3σ
6   Abweichung von 3σ
Mittel der absoluten Durchschnittswerte von h
7   absol. h-Wert innerhalb -3σ
8   absol. h-Wert innerhalb $+3\sigma$

Im Mittel sind pro 100 Abschnitte nur noch 2.3 Fälle mit einer positiven Überschreitung der 3σ-Schranke aufgetreten, im negativen Bereich der Minima # knapp 5 Fälle. Vergleicht man die durchschn. Min - Werte mit den durchschn. Max-Werten, so weichen sie beide mit 67 genau symmetrisch vom Mittelwert 1000 ab, das entspricht einer 2.14-fachen σ-Abweichung. Auch hier finden wir noch eine korrekte Normalverteilung vor, befinden uns also im Einklang mit dem Gesetz der großen Zahlen.

je 100 Abfragen	chronolog.		geordnet		chronolog.		geordnet		chronolog.		geordnet	
	Min	Max	Min	Max	Min	Max	Min	Max	Min	Max	Min	Max
1	921	1044	835	1096	944	1041	890	1101	910	1085	872	1121
2	923	1049	883	1094	927	1061	900	1096	939	1065	888	1103
3	924	1056	886	1093	940	1069	901	1093	938	1063	899	1095
4	936	1081	898	1092	942	1069	902	1092	935	1055	903	1095
5	920	1071	902	1092	918	1075	908	1091	944	1056	906	1094
6	942	1079	905	1090	944	1050	912	1089	909	1083	907	1093
7	835	1062	907	1090	935	1077	913	1088	932	1080	909	1090
8	943	1068	911	1089	941	1084	914	1087	923	1063	909	1088
9	948	1064	911	1089	923	1081	914	1087	917	1054	910	1086
10	954	1052	912	1088	913	1088	915	1085	903	1050	910	1086
11	930	1073	914	1087	935	1087	915	1084	938	1065	912	1086
12	950	1090	917	1087	932	1055	916	1084	940	1045	913	1085
13	929	1070	917	1085	931	1065	916	1082	935	1065	916	1083
14	928	1068	918	1083	931	1069	916	1081	939	1055	916	1081
15	938	1080	919	1082	930	1061	917	1081	945	1049	917	1081
16	940	1062	919	1082	950	1063	918	1081	940	1066	918	1080
17	943	1049	920	1081	902	1091	918	1081	943	1058	918	1080
18	956	1057	920	1080	942	1053	919	1081	941	1066	919	1080
19	940	1049	921	1079	932	1056	919	1081	954	1071	919	1077
20	905	1061	921	1079	919	1070	921	1080	906	1058	920	1077
21	928	1065	922	1078	942	1053	921	1080	930	1086	921	1077
22	943	1061	923	1077	956	1080	922	1079	955	1051	921	1076
23	939	1087	923	1076	945	1064	923	1078	923	1048	923	1073
24	925	1048	924	1076	912	1084	924	1077	953	1081	923	1073
25	926	1067	924	1076	942	1070	924	1077	918	1062	923	1072
26	919	1090	925	1076	932	1069	925	1075	939	1053	923	1071
27	917	1057	926	1075	941	1056	926	1075	923	1072	923	1071
28	937	1055	927	1074	948	1055	926	1073	941	1060	924	1071
29	928	1067	927	1074	950	1068	927	1073	944	1046	924	1071
30	939	1067	927	1074	933	1087	927	1073	923	1053	926	1070
31	943	1078	928	1073	924	1055	927	1073	872	1073	928	1070
32	937	1071	928	1073	932	1065	928	1072	921	1064	929	1069
33	949	1074	928	1072	961	1051	929	1072	926	1060	930	1069
34	947	1074	928	1071	915	1051	929	1071	916	1095	930	1069
35	928	1066	928	1071	939	1060	929	1071	950	1077	930	1069
36	938	1057	928	1071	943	1081	929	1070	931	1052	930	1068
37	923	1076	929	1070	939	1073	929	1070	938	1059	931	1068
38	907	1071	929	1070	942	1072	929	1070	938	1053	931	1068
39	917	1054	930	1070	929	1078	930	1070	947	1050	931	1067
40	927	1063	930	1070	926	1066	931	1070	950	1052	931	1067
41	941	1067	930	1070	932	1057	931	1070	919	1041	931	1066
42	914	1045	931	1070	922	1064	932	1070	937	1053	932	1066
43	921	1087	931	1069	914	1081	932	1069	920	1080	933	1066
44	953	1039	931	1069	952	1069	932	1069	951	1066	934	1066
45	911	1082	932	1068	949	1051	932	1069	924	1057	935	1066
46	934	1063	933	1068	948	1070	932	1069	955	1063	935	1065
47	934	1070	933	1067	933	1070	932	1069	947	1068	936	1065
48	939	1061	934	1067	929	1067	932	1069	947	1067	936	1065
49	927	1077	934	1067	960	1081	932	1069	951	1068	937	1064
50	898	1076	934	1067	934	1093	933	1068	948	1060	937	1064
51	928	1065	938	1067	960	1050	933	1068	940	1103	938	1063
52	920	1066	936	1066	917	1060	933	1067	948	1067	938	1063
53	922	1089	937	1066	932	1058	933	1067	939	1051	938	1063
54	949	1092	937	1066	919	1089	934	1067	948	1060	938	1063
55	942	1054	937	1066	932	1067	934	1067	953	1073	938	1062
	Min	Max	Min	Max	Min	Max	Min	Max	Min	Max	Min	Max
	chronolog.		geordnet		chronolog.		geordnet		chronolog.		geordnet	

	chronolog.		geordnet		chronolog.		geordnet		chronolog.		geordnet	
	Min	**Max**	Min	Max	**Min**	**Max**	Min	Max	**Min**	**Max**	Min	Max
56	949	1051	938	1065	942	1060	934	1066	938	1070	938	1062
57	933	1093	938	1065	921	1081	935	1066	946	1059	939	1061
58	932	1043	938	1065	929	1070	935	1065	923	1095	939	1060
59	941	1079	939	1064	928	1054	937	1065	930	1086	939	1060
60	936	1065	939	1064	943	1080	937	1065	930	1064	939	1060
61	953	1094	939	1063	927	1070	937	1064	910	1052	939	1060
62	943	1089	939	1063	939	1073	939	1064	939	1050	939	1060
63	883	1082	939	1062	933	1079	939	1064	921	1062	940	1059
64	939	1076	939	1062	926	1069	939	1063	916	1069	940	1059
65	933	1061	940	1062	916	1081	940	1063	941	1076	940	1059
66	952	1070	940	1061	940	1101	940	1063	939	1081	941	1058
67	952	1060	940	1061	934	1047	940	1063	931	1068	941	1057
68	927	1061	940	1061	914	1085	941	1063	936	1121	941	1056
69	931	1045	940	1061	937	1067	941	1061	931	1093	942	1056
70	928	1060	940	1061	916	1058	942	1061	947	1051	943	1056
71	938	1044	941	1060	932	1046	942	1061	948	1056	943	1055
72	912	1085	941	1060	948	1057	942	1061	931	1071	943	1055
73	950	1067	942	1057	946	1092	942	1060	928	1077	944	1055
74	919	1054	942	1057	952	1073	942	1060	929	1071	944	1054
75	943	1070	942	1057	916	1063	942	1060	913	1090	944	1053
76	929	1070	942	1057	946	1059	943	1059	951	1071	944	1053
77	940	1073	943	1056	954	1063	943	1059	957	1066	945	1053
78	911	1072	943	1056	908	1061	944	1058	936	1050	946	1053
79	942	1069	943	1055	954	1075	944	1058	919	1048	947	1052
80	939	1088	943	1055	900	1053	944	1057	924	1056	947	1052
81	947	1047	943	1054	921	1059	945	1057	888	1066	947	1052
82	944	1066	943	1054	927	1063	945	1056	942	1088	947	1051
83	940	1054	944	1054	934	1061	946	1056	937	1055	948	1051
84	937	1069	945	1054	925	1069	946	1056	930	1063	948	1051
85	942	1051	946	1054	890	1071	948	1055	912	1040	948	1050
86	930	1054	947	1052	950	1072	948	1055	943	1046	948	1050
87	945	1064	947	1052	924	1063	948	1055	918	1061	948	1050
88	930	1057	948	1051	915	1065	948	1054	948	1070	950	1050
89	940	1083	948	1051	945	1067	949	1053	909	1049	950	1049
90	931	1074	949	1049	901	1053	950	1053	953	1069	951	1049
91	886	1096	949	1049	929	1064	950	1053	944	1077	951	1049
92	931	1062	949	1049	937	1073	950	1053	933	1080	951	1048
93	934	1052	950	1048	929	1068	952	1051	943	1069	953	1048
94	948	1056	950	1047	937	1070	952	1051	899	1043	953	1046
95	946	1075	952	1045	948	1077	954	1051	934	1094	953	1045
96	918	1066	952	1045	944	1082	954	1050	931	1060	954	1045
97	924	1070	953	1044	929	1071	956	1050	944	1049	955	1044
98	940	1055	953	1044	918	1056	960	1047	907	1069	955	1043
99	902	1076	954	1043	940	1066	960	1046	956	1086	956	1041
100	939	1092	956	1039	933	1096	961	1041	938	1044	957	1040
#	932	1067			933	1068			933.2	1065 ##	933	1067	1
	Min	**Max**	Min	Max	**Min**	**Max**	Min	Max	**Min**	**Max**	Min	Max
	chronolog.		geordnet		chronolog.		geordnet		chronolog.		geordnet	

	Min	Max			Min	Max			Min	Max	Min	Max	
Extreme	835	1096			890	1101			872	1121	835	1121	2
Abw.absol	71	2			16	7			34	27	Minmin	Maxmax	3
Sigabw.abs.	-5.3	3.08			####	3.24			-4.10	3.88	-5.3	3.88	4
Sig.Grenze	3	3			3	3			3	3	3	3	5
Abw.3 Sigm.	2.29	0.08			0.53	0.24			1.104	0.88 ##	2.29	0.88	6

Neg. Std.Dev 906.4 **906** | minimale Häufigkeit in 99.73 % 1 Sigma = 31.19 | 7
Pos. Std.Dev 1093. **1094** | maximale Häufigkeit in 99.73 % 3 Sigma = 93.5? **effektiv = 1094** | 8
In 37 000 Coups

Der nächste Test bezieht sich auf eine wiederum 10 mal so kleine Menge von Zufallszahlen: auf 3 700 Coups. Auch hier haben wir 300 Abschnitte geprüft und wollen sehen, ob dieser Umfang noch dem Gesetz der großen Zahlen gehorcht.

Wir haben hier immer noch knapp 3 Fälle je 100 Tests mit einer 3 σ-Unterschreitung und knapp 6 Fälle mit einer 3 σ -Überschreitung. Obwohl die durchschnittlichen Abweichungen vom Mittelwert 100 -21 und +21 betragen, streben die Extremwerte schon deutlich auseinander. Hier ist der MinMin-Wert - 34, der MaxMax-Wert dagegen + 42. Die negative Standardabweichung wird hier also um 0.45 σ unterschritten, die positive jedoch um 1.26 σ , also um fast das Dreifache.

MinMax3700 /BIN   Total je 3700   # 100

je 100 Abfragen	chronolog.		geordnet		chronolog.		geordnet		chronolog.		geordnet	
	Min	Max	Min	Max	Min	Max	Min	Max	Min	Max	Min	Max
1	84	120	66	142	77	123	67	136	78	114	66	139
2	80	119	69	134	75	129	68	134	75	127	66	139
3	76	121	70	133	77	125	70	134	82	117	68	133
4	76	125	70	131	84	114	70	132	74	120	69	132
5	80	124	70	130	76	115	71	131	83	115	69	132
6	76	116	72	129	83	122	71	131	79	114	70	132
7	77	119	72	129	88	117	73	129	85	124	70	131
8	86	134	73	129	79	118	73	129	70	114	70	130
9	86	116	73	128	81	115	74	129	82	119	71	130
10	82	120	73	127	80	125	74	129	84	120	72	130
11	81	113	73	127	85	136	75	129	77	120	72	130
12	83	116	73	127	79	122	75	128	85	124	72	130
13	81	114	74	127	82	114	75	128	80	115	73	129
14	83	126	74	126	75	123	75	127	72	125	73	129
15	82	121	74	126	78	128	75	127	69	117	74	128
16	81	116	75	126	70	119	75	127	86	116	74	127
17	84	133	75	126	79	121	75	127	80	123	74	127
18	82	117	75	126	82	127	76	127	82	117	74	126
19	74	124	75	126	75	121	76	127	78	120	75	126
20	80	121	76	125	79	129	76	126	78	119	75	125
21	77	125	76	125	85	124	76	126	87	116	76	125
22	83	122	76	125	75	125	76	126	66	125	76	125
23	78	118	76	125	75	121	76	126	72	127	76	125
24	80	123	76	125	80	122	76	126	85	117	76	124
25	77	121	76	125	81	124	76	126	84	125	76	124
26	73	126	77	125	79	127	77	125	79	121	76	124
27		119	77	124	79	119	77	125	78	124	76	124
28	80	123	77	124	83	121	77	125	81	119	76	124
29	77	125	77	124	79	121	77	125	81	117	77	124
30	75	127	77	124	83	120	78	124	76	132	77	123
31	79	119	77	124	82	131	78	124	70	129	77	123
32	78	120	77	123	73	123	78	124	76	116	77	123
33	70	124	77	123	71	123	78	124	80	121	77	123
34	86	122	77	123	81	118	78	123	81	123	77	122
35	72	119	77	123	84	124	78	123	81	120	78	122
36	82	118	77	123	76	126	79	123	81	139	78	122
37	77	124	77	123	80	118	79	123	82	129	78	122
38	85	116	78	123	81	120	79	123	83	117	78	122
39	87	114	78	123	74	121	79	123	71	120	78	121
40	73	124	78	122	78	131	79	122	79	114	78	121
41	77	128	78	122	85	122	79	122	77	126	79	121
42	77	127	78	122	80	129	79	122	88	119	79	121
43	78	116	78	122	74	116	79	122	74	121	79	121
44	82	119	78	122	84	127	79	122	77	115	79	121
45	87	118	79	122	81	119	79	122	76	130	79	121
46	69	116	79	122	76	118	79	122	77	117	79	120
47	82	122	79	121	80	120	79	122	82	122	79	120
48	80	129	79	121	76	117	79	122	81	128	79	120
49	74	120	79	121	76	132	79	121	69	118	80	120
50	87	126	80	121	83	126	80	121	73	116	80	120
51	80	122	80	121	85	119	80	121	83	122	80	120
52	74	118	80	121	73	117	80	121	83	118	80	120
53	66	129	80	121	82	126	80	121	76	113	80	120
54	79	122	80	121	85	116	80	121	88	117	80	120
55	82	119	80	120	76	121	80	121	81	116	80	120
	Min	Max	Max	Min	Min	Max	Min	Max	Min	Max	Min	Max
	chronolog.		geordnet		chronolog.		geordnet		chronolog.		geordnet	

	chronolog.		geordnet		chronolog.		geordnet		chronolog.		geordnet	
	Min	Max	Min	Max	Min	Max	Min	Max	Min	Max	Min	Max
56	79	122	80	120	78	121	80	121	76	131	80	120
57	73	119	80	120	78	121	80	121	78	123	80	120
58	82	114	80	120	78	122	80	121	82	119	80	119
59	82	123	80	120	80	122	80	120	78	123	81	119
60	79	120	80	120	82	134	80	120	75	120	81	119
61	72	121	80	119	83	120	80	120	83	121	81	119
62	82	129	81	119	70	125	81	120	79	120	81	119
63	82	119	81	119	76	120	81	120	72	116	81	119
64	78	120	81	119	85	118	81	120	70	120	81	119
65	75	119	81	119	77	121	81	119	82	120	81	119
66	77	130	81	119	79	127	81	119	77	121	81	118
67	81	125	81	119	82	118	81	119	80	126	81	118
68	84	115	81	119	80	115	81	119	74	133	81	118
69	76	126	81	119	85	113	81	119	84	118	82	117
70	80	125	82	119	81	123	81	119	83	121	82	117
71	70	131	82	119	81	115	82	119	83	119	82	117
72	81	121	82	119	80	114	82	119	85	115	82	117
73	80	127	82	119	68	117	82	118	81	116	82	117
74	81	123	82	119	79	126	82	118	76	122	82	117
75	70	115	82	118	80	119	82	118	81	116	82	117
76	83	127	82	118	80	127	82	118	77	116	83	117
77	73	125	82	118	84	126	82	118	85	114	83	117
78	85	118	82	118	79	117	82	118	81	121	83	117
79	76	126	82	118	67	118	83	118	80	120	83	116
80	73	142	82	118	77	119	83	118	66	130	83	116
81	82	123	82	118	81	129	83	117	80	114	83	116
82	83	125	82	118	79	116	83	117	84	130	83	116
83	77	123	83	117	84	127	83	117	68	132	83	116
84	81	117	83	117	81	129	83	117	79	124	84	116
85	84	119	83	117	76	117	83	117	73	122	84	116
86	80	119	83	117	83	120	84	117	84	115	84	116
87	78	126	83	116	82	124	84	116	74	120	84	116
88	77	118	84	116	82	118	84	116	84	124	84	116
89	75	119	84	116	77	134	84	116	80	124	84	115
90	78	123	84	116	85	115	84	116	83	116	84	115
91	76	122	84	116	71	122	85	116	80	117	84	115
92	81	117	85	116	75	122	85	115	76	130	85	115
93	77	116	85	116	75	128	85	115	79	117	85	115
94	75	121	85	116	79	128	85	115	84	122	85	114
95	82	121	86	115	80	116	85	115	80	119	85	114
96	85	117	86	115	80	119	85	115	80	139	85	114
97	78	119	86	114	79	123	85	114	84	125	86	114
98	79	118	87	114	85	116	85	114	79	132	87	114
99	77	118	87	114	79	126	85	114	76	119	88	114
100	80	123	87	113	83	119	88	113	79	130	88	113
#	78.16	121.6			79	121.9			78.91	121.2 ##	78.8	121.6	1

	Min	Max	Max	Min	Min	Max	Min	Max	Min	Max	Min	Max	
	chronolog.		geordnet		chronolog.		geordnet		chronolog.		geordnet		
Extreme	66	142			67	136			66	139	66	142	2
Abw.abs	4.41	12.41			3.4	6.41			4.41	9.41	Minmin	Maxmax	3
Sigabw.absc	-3.45	4.26			-3	3.651			-3.45	3.955	-3.4	4.26	4
Sig.Grenze	3	3			3	3			3	3	3	3	5
Abw.3 Sig	0.448	1.26			0.3	0.651			0.448	0.955 ##	0.45	1.26	6
	Min	Max			Min	Max			Min	Max			
Neg. Std.Dev	70.41	70.41			minimale Häufigkeit in 99.73		1 Sigma =	9.86					7
Pos. Std.Dev	129.59	129.6			maximale Häufigkeit in 99.73		3 Sigma =	29.6					8

In 3700 Coups

Jetzt kommen wir zu dem wichtigen Größenmaß von 370 Coups. Wichtig deshalb, weil es ungefähr dem Volumen einer Tagespermanenz im Spielcasino entspricht und hier Vergleiche zu den ausgedruckten Permanenzen der Spielbanken möglich werden.

Unsere erste Frage ist:

genügen 370 Cps noch den statistischen Kriterien der Normalverteilung? Wie wir aus der Endabrechnung am Fuß der zweiten Seite entnehmen, sind die durchschnittlichen Abweichungen vom Mittelwert 10 nicht mehr symmetrisch: absolut betrachtet – 6 und + 7. Noch deutlicher zeigt sich dies in den aufgetretenen Extremwerten:

Innerhalb 300 Anschnitten trat einmal die Abweichung 9 auf, dh. eine Zahl kam hier nur 1 mal. Als häufigste Zahl wurde einmal der ungewöhnliche „Ausreißer" von 27-fachem Erscheinen gezählt, das ist eine Abweichung von 17 gegenüber dem Mittelwert 10.   Aber die Mittelwerte der beiden Extremfälle   stimmen schon sehr genau mit einem anderen Verteilungsgesetz überein, das wir bei der Binomialverteilung kennen lernen werden. Daraus geht hervor, dass wir es bei 370 Coups nach statistischen Maßstäben schon nicht mehr mit einer „großen Zahl" zu tun haben.

Total je 370 Coups   # 10

je 100 Abfragen	chronologisch		geordnet		chronologisch		geordnet		chronologisch		geordnet	
	Min	Max	Min	Max	Min	Max	Min	Max	Min	Max	Min	Max
1	5	18	1	22	3	14	2	27	6	19	2	22
2	4	15	1	22	3	20	2	21	5	20	2	22
3	5	15	1	21	3	17	3	20	4	16	2	22
4	4	17	2	21	4	16	3	20	4	18	2	21
5	4	15	2	21	5	18	3	20	4	22	2	21
6	6	16	2	20	3	19	3	20	4	16	2	21
7	4	22	2	20	3	19	3	20	3	15	2	21
8	3	18	2	20	3	20	3	20	4	19	3	21
9	4	16	2	20	5	14	3	19	4	16	3	20
10	3	19	2	20	6	19	3	19	2	18	3	20
11	5	17	2	20	6	16	3	19	4	17	3	20
12	5	20	2	20	3	17	3	19	4	20	3	20
13	6	17	2	20	4	18	3	19	4	21	3	20
14	5	18	2	20	3	17	3	19	3	15	3	19
15	3	18	3	19	5	16	3	19	4	18	3	19
16	3	18	3	19	2	17	3	19	4	17	3	19
17	4	16	3	19	4	18	3	19	3	18	3	19
18	4	16	3	19	4	19	3	19	3	17	3	19
19	5	18	3	19	2	19	3	19	3	16	3	18
20	2	17	3	19	3	16	3	19	4	18	3	18
21	4	20	3	19	5	18	3	19	5	15	3	18
22	4	20	3	19	5	17	3	19	4	17	3	18
23	4	17	3	19	3	18	3	19	4	16	3	18
24	4	18	3	19	4	21	3	19	5	15	3	18
25	4	20	3	19	5	14	3	19	3	16	3	18
26	4	19	3	19	6	17	3	18	2	21	3	18
27	1	19	3	19	3	19	3	18	3	19	3	18
28	4	20	3	19	3	15	3	18	2	18	3	18
29	3	19	3	19	4	19	3	18	3	21	4	18
30	4	18	3	18	3	16	3	18	5	15	4	18
31	4	20	3	18	4	16	3	18	5	18	4	18
32	4	16	4	18	5	18	3	18	5	17	4	18
33	5	16	4	18	5	20	3	18	2	16	4	18
34	3	18	4	18	3	18	3	18	4	16	4	18
35	4	16	4	18	3	18	3	18	4	14	4	17
36	6	14	4	18	4	17	3	18	4	15	4	17
37	3	19	4	18	3	20	4	18	4	16	4	17
38	4	17	4	18	4	16	4	18	4	18	4	17
39	5	16	4	18	5	16	4	18	3	18	4	17
40	2	19	4	18	5	14	4	18	3	15	4	17
41	3	16	4	18	3	18	4	18	3	18	4	17
42	4	17	4	18	6	16	4	18	4	15	4	17
43	5	16	4	18	4	19	4	18	4	16	4	17
44	5	17	4	18	4	17	4	18	4	15	4	17
45	5	19	4	18	3	17	4	18	2	21	4	17
46	2	16	4	18	4	27	4	18	4	17	4	17
47	5	15	4	18	5	19	4	18	6	17	4	17
48	3	17	4	17	2	18	4	17	3	15	4	17
49	5	17	4	17	3	18	4	17	4	18	4	17
50	5	18	4	17	5	17	4	17	3	16	4	17
51	2	18	4	17	5	18	4	17	3	17	4	17
52	5	16	4	17	7	19	4	17	3	17	4	17
53	3	15	4	17	3	18	4	17	4	16	4	17
54	5	17	4	17	5	16	4	17	4	18	4	16
55	4	16	4	17	5	17	4	17	3	16	4	16
	Min	Max	Min	Max	Min	Max	Min	Max	Min	Max	Min	Max
	chronologisch		geordnet		chronologisch		geordnet		chronologisch		geordnet	

	chronologisch		geordnet		chronologisch		geordnet		chronologisch		geordnet	
	Min	Max	Min	Max	Min	Max	Min	Max	Min	Max	Min	Max
56	3	17	4	17	4	17	4	17	3	15	4	16
57	4	15	4	17	4	18	4	17	4	17	4	16
58	4	15	4	17	3	19	4	17	4	17	4	16
59	3	17	4	17	4	19	4	17	4	15	4	16
60	4	16	4	17	3	16	4	17	4	15	4	16
61	4	19	4	17	5	19	4	17	5	16	4	16
62	5	16	4	17	5	16	4	17	5	15	4	16
63	6	17	4	17	4	16	4	17	3	16	4	16
64	4	19	4	17	4	17	4	17	4	15	4	16
65	2	19	4	17	3	18	4	17	5	15	4	16
66	4	20	4	17	4	20	4	17	5	20	4	16
67	6	14	4	17	4	17	4	17	4	19	4	16
68	2	18	5	16	4	16	4	16	4	16	4	16
69	4	16	5	16	5	18	5	16	5	16	4	16
70	5	16	5	16	3	17	5	16	4	17	4	16
71	4	21	5	16	5	19	5	16	4	19	4	16
72	5	17	5	16	5	15	5	16	5	18	4	16
73	3	17	5	16	3	16	5	16	4	16	4	16
74	3	16	5	16	3	16	5	16	4	17	4	16
75	4	20	5	16	4	18	5	16	5	15	5	16
76	2	20	5	16	3	15	5	16	2	22	5	16
77	2	18	5	16	3	17	5	16	4	16	5	16
78	4	15	5	16	6	19	5	16	4	20	5	16
79	5	18	5	16	5	15	5	16	4	16	5	16
80	4	19	5	16	3	16	5	16	5	21	5	15
81	4	18	5	16	5	16	5	16	3	20	5	15
82	2	16	5	16	3	15	5	16	2	18	5	15
83	6	18	5	16	3	18	5	16	3	17	5	15
84	5	17	5	16	3	16	5	16	4	16	5	15
85	5	18	5	16	5	18	5	16	3	17	5	15
86	6	18	5	16	3	19	5	16	5	17	5	15
87	4	19	5	16	4	18	5	16	4	14	5	15
88	3	17	5	16	6	14	5	16	5	17	5	15
89	5	17	5	16	4	16	5	16	5	16	5	15
90	5	21	5	15	4	17	5	16	5	16	5	15
91	2	16	5	15	4	17	5	15	4	22	5	15
92	3	17	5	15	4	19	5	15	5	17	5	15
93	1	22	6	15	4	16	6	15	4	18	5	15
94	3	16	6	15	4	17	6	15	5	15	5	15
95	2	21	6	15	4	20	6	15	4	18	5	15
96	6	15	6	15	4	16	6	14	5	16	5	15
97	5	19	6	15	5	16	6	14	4	16	5	15
98	4	19	6	15	4	17	6	14	5	17	5	15
99	1	16	6	14	3	18	6	14	5	15	6	14
100	4	19	6	14	6	18	7	14	5	16	6	14
#	3.93	17.51			4.01	17.4			3.93	17.06		

	Min	Max	Min	Max	Min	Max	Min	Max	Min	Max	Min	Max
	chronologisch		geordnet		chronologisch		geordnet		chronologisch		geordnet	

	Min	Max			Min	Max			Min	Max	
Extremwerte	1	22			2	27			2	22	
Abw.absolut	-0.358	2.642			-1.358	7.642			-1.358	2.642	
Sig.absolut	-2.894	3.8585			-2.572	5.4662			-2.572	3.8585	
Sig.Grenze	3	3			3	3			3	3	
Abw.3 Sigm.	-0.106	0.8585			-0.428	2.4662			-0.428	0.8585	

Neg. Std.Dev	0.642246			0.642	minimale Häufigkeit in 99.73 %		1 Sigma = 3.12	
Pos. Std.Dev	19.3578			19.36	maximale Häufigkeit in 99.73 %		3 Sigma = 9.36	

Nach der statistischen Analyse von 370 Coups, also 10 „Rotationen" gehen wir jetzt zurück auf ein Volumen von 3 Rotationen, dh. auf 111 Coups. Diesen Umfang wird wohl angesichts der 37 möglichen Nummern des Rouletts niemand mehr als eine „große Zahl" bezeichnen.

Schauen wir uns die unterschiedliche Häufigkeitsverteilung der Zahlen - bezogen auf deren seltenstes und häufigstes Erscheinen innerhalb von 111 Coups - genauer an:

In den meisten der 300 geprüften Abschnitte, dh in 264 Fällen war eine nicht bekannte Anzahl von Nummern überhaupt noch nicht erschienen, dh . in 88 % der Fälle betrug die minimale h = 0. Das entspricht auch der 3 σ - Regel. Denn μ = 3 - 5.13 = -2.13, also weniger als 0.

Die p o s i t i v e Abweichung vom Mittelwert 3 beträgt mit 3 σ dagegen 8.13 Dieser Wert wurde in # 11 % der Fälle erreicht: maximal mit 14-fachem Erscheinen einer Nummer. Dies entspricht einer positiven Standardabweichung von 8.18 σ !

Man sieht, dass hier die Kriterien der Normalverteilung, also auch die 3-Sigma-Regel und das Gesetz der großen Zahlen völlig versagen. Wir befinden uns bereits ganz deutlich im Bereich der „kleinen Zahlen", denen bisher nie die gebührende Aufmerksamkeit geschenkt worden ist. Kaum einer hat sich bis heute je mit der so drastisch asymmetrischen Ungleichverteilung kleiner Strecken von Zufallszahlen beschäftigt, ausgenommen der Grundlagenforscher Max Woitschach, wenn er sagt:

> *„Von einer anfänglich extremen Unsymmetrie wandelt sich die Kurve der Häufigkeitsverteilung mit wachsender Zahl der Spiele iimmer mehr zu einer symmetrischen Glockenform... Genauer gesagt: Die Normalverteilung entspricht dem Grenzfall u n e n d l i c h vieler Ereignisse ".*

Wir drehen diesen Lehrsatz einfach um und sagen:

> Die Berechnung unterschiedlicher Häufigkeiten lässt sich für eine sehr große Zahl von Ereignissen mit Hilfe der bekannten *Normalverteilung* durchführen. Sie geht jedoch mit schrumpfender Zahl der Ereignisse in die *Poissonverteilung* über lässt sich schliesslich aus einer sehr kleiner Anzahl von zufälligen Ereignissen durch die *Binomialverteilung* ermitteln.

MinMax111 /BIN   **Total 111 Coups**   # = 3

je 100 Abfragen	chronologisch		geordnet		chronologisch		geordnet		chronologisch		geordnet	
	Min	Max	Min	Max	Min	Max	Min	Max	Min	Max	Min	Max
1	1	6	0	9	0	6	0	14	0	6	0	10
2	0	7	0	9	0	6	0	10	0	8	0	10
3	0	7	0	9	0	7	0	10	0	8	0	10
4	0	8	0	9	0	10	0	9	0	8	0	10
5	0	7	0	9	0	14	0	9	0	8	0	9
6	0	6	0	9	0	8	0	9	0	7	0	9
7	0	7	0	9	0	7	0	9	0	6	0	9
8	0	6	0	9	0	6	0	9	0	6	0	9
9	0	8	0	9	0	6	0	9	0	7	0	9
10	0	8	0	9	0	7	0	9	1	7	0	9
11	0	7	0	8	0	5	0	9	0	6	0	9
12	0	7	0	8	0	8	0	8	0	6	0	9
13	0	7	0	8	0	7	0	8	0	6	0	9
14	0	6	0	8	1	7	0	8	0	6	0	8
15	0	9	0	8	0	7	0	8	0	6	0	8
16	1	8	0	8	0	6	0	8	0	9	0	8
17	0	8	0	8	0	7	0	8	0	6	0	8
18	0	7	0	8	0	6	0	8	0	8	0	8
19	0	6	0	8	0	7	0	8	0	7	0	8
20	0	8	0	8	0	6	0	8	1	6	0	8
21	1	6	0	8	0	8	0	8	0	7	0	8
22	0	7	0	8	0	6	0	8	1	7	0	8
23	0	7	0	8	0	8	0	8	0	5	0	8
24	0	7	0	8	0	7	0	8	0	7	0	8
25	0	7	0	8	0	8	0	8	0	8	0	8
26	0	7	0	8	0	7	0	8	0	9	0	8
27	0	7	0	8	0	7	0	8	0	6	0	8
28	1	5	0	8	0	6	0	8	0	6	0	8
29	1	6	0	8	0	7	0	8	0	6	0	8
30	0	9	0	8	0	7	0	8	0	7	0	8
31	0	7	0	8	0	7	0	8	0	7	0	8
32	0	9	0	7	0	8	0	8	0	6	0	8
33	0	7	0	7	0	10	0	8	1	9	0	8
34	0	7	0	7	0	6	0	8	0	7	0	7
35	0	6	0	7	0	6	0	8	1	7	0	7
36	1	5	0	7	0	6	0	8	0	7	0	7
37	1	9	0	7	0	7	0	7	0	7	0	7
38	0	6	0	7	0	7	0	7	1	7	0	7
39	0	7	0	7	0	7	0	7	0	8	0	7
40	0	8	0	7	0	7	0	7	0	7	0	7
41	0	7	0	7	0	6	0	7	0	9	0	7
42	0	8	0	7	0	6	0	7	0	8	0	7
43	0	9	0	7	0	8	0	7	1	7	0	7
44	0	9	0	7	0	8	0	7	0	9	0	7
45	0	7	0	7	0	9	0	7	0	7	0	7
46	1	6	0	7	0	6	0	7	0	7	0	7
47	0	7	0	7	0	8	0	7	0	8	0	7
48	0	7	0	7	0	8	0	7	0	7	0	7
49	0	8	0	7	0	8	0	7	0	7	0	7
50	0	7	0	7	0	8	0	7	0	7	0	7
51	0	8	0	7	0	6	0	7	0	7	0	7
52	0	8	0	7	0	8	0	7	1	7	0	7
53	0	8	0	7	0	6	0	7	0	8	0	7
54	0	7	0	7	0	8	0	7	0	7	0	7
55	0	6	0	7	0	9	0	7	0	6	0	7
	Min	Max	Min	Max	Min	Max	Min	Max	Min	Max	Min	Max
	chronologisch		geordnet		chronologisch		geordnet		chronologisch		geordnet	

	chronologisch		geordnet		chronologisch		geordnet		chronologisch		geordnet		
	Min	Max	Min	Max	Min	Max	Min	Max	Min	Max	Min	Max	
56	0	7	0	7	0	6	0	7	0	6	0	7	
57	1	7	0	7	0	9	0	7	0	6	0	7	
58	0	8	0	7	0	5	0	7	0	7	0	7	
59	0	6	0	7	1	6	0	7	0	10	0	7	
60	0	6	0	7	0	6	0	7	0	8	0	7	
61	0	7	0	7	0	7	0	7	0	6	0	7	
62	0	7	0	7	0	8	0	7	0	7	0	7	
63	0	8	0	7	0	7	0	7	0	8	0	7	
64	0	6	0	7	0	7	0	7	0	10	0	7	
65	0	8	0	7	0	8	0	7	0	6	0	7	
66	0	6	0	7	0	7	0	7	0	5	0	7	
67	0	9	0	7	0	6	0	7	0	7	0	7	
68	1	6	0	7	0	8	0	7	0	8	0	7	
69	1	6	0	7	0	7	0	7	0	9	0	7	
70	0	7	0	7	0	8	0	7	0	10	0	7	
71	1	8	0	7	1	7	0	7	0	8	0	6	
72	1	7	0	7	1	7	0	7	0	5	0	6	
73	0	6	0	6	0	7	0	7	1	7	0	6	
74	0	7	0	6	0	6	0	6	0	10	0	6	
75	0	6	0	6	0	9	0	6	0	7	0	6	
76	0	8	0	6	0	7	0	6	0	6	0	6	
77	0	7	0	6	0	7	0	6	0	8	0	6	
78	0	5	0	6	0	8	0	6	0	9	0	6	
79	0	8	0	6	1	7	0	6	0	6	0	6	
80	0	7	0	6	0	9	0	6	0	7	0	6	
81	0	7	0	6	0	8	0	6	0	9	0	6	
82	0	8	0	6	0	6	0	6	0	8	0	6	
83	0	7	0	6	0	8	0	6	0	6	0	6	
84	0	6	1	6	0	8	0	6	0	7	0	6	
85	0	7	1	6	0	8	0	6	0	6	0	6	
86	0	7	1	6	0	9	0	6	1	6	0	6	
87	0	9	1	6	0	7	0	6	1	7	0	6	
88	0	9	1	6	0	8	0	6	0	6	0	6	
89	1	6	1	6	0	7	0	6	0	6	1	6	
90	0	7	1	6	1	7	0	6	0	7	1	6	
91	0	8	1	6	0	8	0	6	1	8	1	6	
92	0	7	1	6	0	7	0	6	0	7	1	6	
93	0	6	1	6	0	7	0	6	0	8	1	6	
94	1	6	1	6	1	7	1	6	0	6	1	6	
95	1	6	1	6	0	6	1	6	0	8	1	6	
96	1	9	1	6	0	9	1	6	0	7	1	6	
97	0	6	1	6	0	7	1	6	0	7	1	6	
98	0	7	1	5	0	6	1	6	0	9	1	5	
99	0	8	1	5	0	9	1	5	0	8	1	5	
100	0	7	1	5	0	7	1	5	0	7	1	5	
	0.17	7.10			0.07	7.25			0.12	7.17 ##	0.12	7.173	1
	Min	Max	Min	Max	Min	Max	Min	Max	Min	Max	Min	Max	
	chronologisch		geordnet		chronologisch		geordnet		chronologisch		geordnet		

	Min	Max		Min	Max		Min	Max	Min	Max	
	chronologisch		geordnet	chronologisch		geordnet	chronologisch		geordnet		
Extremwerte	0	9		0	14		0	10	0	14	2
Abw.absolut	0	0			14		0	1.87	Minmin	Maxmax	3
Sigabw.absolut		3.509		0	6.433		0	4.09	0	6.433	4
Sig.Grenze	3	3		3	3		3	3	3	3	5
Abw.3 Sigm.	0	0.509		0	3.433		0	1.09 ##	0	3.433	6
	Min	Max		Min	Max		Min	Max			
Neg. Std.Dev	0	0	minimale Häufigkeit in 99.73 %	1 Sigma =	1.71						7
Pos. Std.Dev	8.125	8.13	maximale Häufigkeit in 99.73 %	3 Sigma =	5.13	effektiv = 8.13					8

In 111 Coups

Damit sich vor allem Roulettspieler eine Vorstellung von den normalen Abweichungen innerhalb unterschiedlich langer Permanenzstrecken machen zu können, habe ich zwei Tabellen angefertigt, die die 3fache Standardabweichung für die positive und negative Seite der Verteilungskurve angeben, gerechnet nach der einfachen Formel der Standardabweichung:

$$\sigma = \sqrt{\mu * q}$$

Wir erinnern uns, dass μ den arithmetischen Mittelwert darstellt, der die gleiche Größe hat wie eine sogenannte „Rotation", die bekanntlich aus 37 Coups besteht.

Sinn dieser Tabellen ist es, abzuschätzen mit welcher maximalen Häufigkeit je Couplänge ein Favorit auftreten wird, und mit welcher minimalen h der sogenannte „Restant", das ist die seltenste Zahl, herauskommen wird. Wie man ablesen kann, wird nach 10 Rotationen (μ = 10) nach statistischen Maßstäben höchstens ein „Neunzehner" auftreten, der vom Mittelwert noch fast 95 % abweicht, und als Zahl mit der geringsten Häufigkeit noch nicht einmal die letzte offene Nummer., deren Erscheinen mit 0.5 als 3-σ -Abweichung bis dahin noch ungewiss ist. Wir werden aber aus der Binomialverteilung – die wir später analysieren - lernen, dass *durchschnittlich* nach 370 Coups immerhin ein 17er da sein wird, und als Zahl mit der geringsten h ein 4er.

Grenzwerte der + 3 Sig-Schranke

für das früheste Auftreten eines Favoriten

n Coups	µ Rotat.	1 sig	3 sig	brutto max. h	Abw v. µ in %	n Coups	µ Rotat.	1 sig	3 sig	brutto max. h	Abw v. µ in %
370	10	3.16	9.49	19	94.87	2072	56	7.48	22.45	78	40.09
407	11	3.32	9.95	21	90.45	2109	57	7.55	22.65	80	39.74
444	12	3.46	10.39	22	86.60	2146	58	7.62	22.85	81	39.39
481	13	3.61	10.82	24	83.21	2183	59	7.68	23.04	82	39.06
518	14	3.74	11.22	25	80.18	2220	60	7.75	23.24	83	38.73
555	15	3.87	11.62	27	77.46	2257	61	7.81	23.43	84	38.41
592	16	4.00	12.00	28	75.00	2294	62	7.87	23.62	86	38.10
629	17	4.12	12.37	29	72.76	2331	63	7.94	23.81	87	37.80
666	18	4.24	12.73	31	70.71	2368	64	8.00	24.00	88	37.50
703	19	4.36	13.08	32	68.82	2405	65	8.06	24.19	89	37.21
740	20	4.47	13.42	33	67.08	2442	66	8.12	24.37	90	36.93
777	21	4.58	13.75	35	65.47	2479	67	8.19	24.56	92	36.65
814	22	4.69	14.07	36	63.96	2516	68	8.25	24.74	93	36.38
851	23	4.80	14.39	37	62.55	2553	69	8.31	24.92	94	36.12
888	24	4.90	14.70	39	61.24	2590	70	8.37	25.10	95	35.86
925	25	5.00	15.00	40	60.00	2627	71	8.43	25.28	96	35.60
962	26	5.10	15.30	41	58.83	2664	72	8.49	25.46	97	35.36
999	27	5.20	15.59	43	57.74	2701	73	8.54	25.63	99	35.11
1036	28	5.29	15.87	44	56.69	2738	74	8.60	25.81	100	34.87
1073	29	5.39	16.16	45	55.71	2775	75	8.66	25.98	101	34.64
1110	30	5.48	16.43	46	54.77	2812	76	8.72	26.15	102	34.41
1147	31	5.57	16.70	48	53.88	2849	77	8.77	26.32	103	34.19
1184	32	5.66	16.97	49	53.03	2886	78	8.83	26.50	104	33.97
1221	33	5.74	17.23	50	52.22	2923	79	8.89	26.66	106	33.75
1258	34	5.83	17.49	51	51.45	2960	80	8.94	26.83	107	33.54
1295	35	5.92	17.75	53	50.71	2997	81	9.00	27.00	108	33.33
1332	36	6.00	18.00	54	50.00	3034	82	9.06	27.17	109	33.13
1369	37	6.08	18.25	55	49.32	3071	83	9.11	27.33	110	32.93
1406	38	6.16	18.49	56	48.67	3108	84	9.17	27.50	111	32.73
1443	39	6.24	18.73	58	48.04	3145	85	9.22	27.66	113	32.54
1480	40	6.32	18.97	59	47.43	3182	86	9.27	27.82	114	32.35
1517	41	6.40	19.21	60	46.85	3219	87	9.33	27.98	115	32.16
1554	42	6.48	19.44	61	46.29	3256	88	9.38	28.14	116	31.98
1591	43	6.56	19.67	63	45.75	3293	89	9.43	28.30	117	31.80
1628	44	6.63	19.90	64	45.23	3330	90	9.49	28.46	118	31.62
1665	45	6.71	20.12	65	44.72	3367	91	9.54	28.62	120	31.45
1702	46	6.78	20.35	66	44.23	3404	92	9.59	28.77	121	31.28
1739	47	6.86	20.57	68	43.76	3441	93	9.64	28.93	122	31.11
1776	48	6.93	20.78	69	43.30	3478	94	9.70	29.09	123	30.94
1813	49	7.00	21.00	70	42.86	3515	95	9.75	29.24	124	30.78
1850	50	7.07	21.21	71	42.43	3552	96	9.80	29.39	125	30.62
1887	51	7.14	21.42	72	42.01	3589	97	9.85	29.55	127	30.46
1924	52	7.21	21.63	74	41.60	3626	98	9.90	29.70	128	30.30
1961	53	7.28	21.84	75	41.21	3663	99	9.95	29.85	129	30.15
1998	54	7.35	22.05	76	40.82	3700	100	10.00	30.00	130	30.00
2035	55	7.42	22.25	77	40.45						

Grenzwerte der - 3 Sig-Schranke
für das späteste Auftreten eines Restanten

n Coups	μ Rotat.	1 sig	3 sig	brutto min. h	Abw v. μ in %	n Coups	μ Rotat.	1 sig	3 sig	brutto min. h	Abw v. μ in %
370	10	3.16	9.49	0.5	94.87	2072	56	7.48	22.45	34	40.09
407	11	3.32	9.95	1	90.45	2109	57	7.55	22.65	34	39.74
444	12	3.46	10.39	2	86.60	2146	58	7.62	22.85	35	39.39
481	13	3.61	10.82	2	83.21	2183	59	7.68	23.04	36	39.06
518	14	3.74	11.22	3	80.18	2220	60	7.75	23.24	37	38.73
555	15	3.87	11.62	3	77.46	2257	61	7.81	23.43	38	38.41
592	16	4.00	12.00	4	75.00	2294	62	7.87	23.62	38	38.10
629	17	4.12	12.37	5	72.76	2331	63	7.94	23.81	39	37.80
666	18	4.24	12.73	5	70.71	2368	64	8.00	24.00	40	37.50
703	19	4.36	13.08	6	68.82	2405	65	8.06	24.19	41	37.21
740	20	4.47	13.42	7	67.08	2442	66	8.12	24.37	42	36.93
777	21	4.58	13.75	7	65.47	2479	67	8.19	24.56	42	36.65
814	22	4.69	14.07	8	63.96	2516	68	8.25	24.74	43	36.38
851	23	4.80	14.39	9	62.55	2553	69	8.31	24.92	44	36.12
888	24	4.90	14.70	9	61.24	2590	70	8.37	25.10	45	35.86
925	25	5.00	15.00	10	60.00	2627	71	8.43	25.28	46	35.60
962	26	5.10	15.30	11	58.83	2664	72	8.49	25.46	47	35.36
999	27	5.20	15.59	11	57.74	2701	73	8.54	25.63	47	35.11
1036	28	5.29	15.87	12	56.69	2738	74	8.60	25.81	48	34.87
1073	29	5.39	16.16	13	55.71	2775	75	8.66	25.98	49	34.64
1110	30	5.48	16.43	14	54.77	2812	76	8.72	26.15	50	34.41
1147	31	5.57	16.70	14	53.88	2849	77	8.77	26.32	51	34.19
1184	32	5.66	16.97	15	53.03	2886	78	8.83	26.50	52	33.97
1221	33	5.74	17.23	16	52.22	2923	79	8.89	26.66	52	33.75
1258	34	5.83	17.49	17	51.45	2960	80	8.94	26.83	53	33.54
1295	35	5.92	17.75	17	50.71	2997	81	9.00	27.00	54	33.33
1332	36	6.00	18.00	18	50.00	3034	82	9.06	27.17	55	33.13
1369	37	6.08	18.25	19	49.32	3071	83	9.11	27.33	56	32.93
1406	38	6.16	18.49	20	48.67	3108	84	9.17	27.50	57	32.73
1443	39	6.24	18.73	20	48.04	3145	85	9.22	27.66	57	32.54
1480	40	6.32	18.97	21	47.43	3182	86	9.27	27.82	58	32.35
1517	41	6.40	19.21	22	46.85	3219	87	9.33	27.98	59	32.16
1554	42	6.48	19.44	23	46.29	3256	88	9.38	28.14	60	31.98
1591	43	6.56	19.67	23	45.75	3293	89	9.43	28.30	61	31.80
1628	44	6.63	19.90	24	45.23	3330	90	9.49	28.46	62	31.62
1665	45	6.71	20.12	25	44.72	3367	91	9.54	28.62	62	31.45
1702	46	6.78	20.35	26	44.23	3404	92	9.59	28.77	63	31.28
1739	47	6.86	20.57	26	43.76	3441	93	9.64	28.93	64	31.11
1776	48	6.93	20.78	27	43.30	3478	94	9.70	29.09	65	30.94
1813	49	7.00	21.00	28	42.86	3515	95	9.75	29.24	66	30.78
1850	50	7.07	21.21	29	42.43	3552	96	9.80	29.39	67	30.62
1887	51	7.14	21.42	30	42.01	3589	97	9.85	29.55	67	30.46
1924	52	7.21	21.63	30	41.60	3626	98	9.90	29.70	68	30.30
1961	53	7.28	21.84	31	41.21	3663	99	9.95	29.85	69	30.15
1998	54	7.35	22.05	32	40.82	3700	100	10.00	30.00	70	30.00
2035	55	7.42	22.25	33	40.45						

Poisson - Verteilung

Wie schon angedeutet, gilt die *Poissonverteilung* gilt als die Spezialverteilung für geringe Wahrscheinlichkeiten, also als Rechenschema für *seltene* Ereignisse. Zwar kann für seltene Ereignisse auch die Formel der Binomialverteilung angewandt werden. Aber im Roulett-Modell sind die Treffermöglichkeiten aus einer Ereignismenge von nur 37 verschiedenen Zahlen doch *nicht* so selten, das man sich mit den angenäherten Werten der Poissonverteilung zufrieden geben sollte.

Am deutlichsten, wenn auch am skurrilsten wird jene Art von Problem, die für die Poissonverteilung charakteristisch ist, in einer Tabelle, die der deutsche Statistiker Ladislaus v.Bortkievicz vor hundert Jahren erstellte. Wir entnehmen dieses Beispiel *Knaurs Buch der modernen Statistik,* das Helmut Swoboda 1971 herausgebracht hat.

v.Bortkievicz zählte in zwanzig deutschen Armeekorps zehn Jahre lang die durch Hufschlag getöteten Militärangehörigen und stellte dabei fest:

In 109 „Armeekorps-Jahren" gab es keine tötlichen Unfälle, 65 mal gab es einen Toten, 22 mal 2 Tote, 3 mal 3 Tote einmal sogar 4 Tote. Die Gesamtzahl der Todesfälle beträgt 122, aber sie erstreckt sich auf 10 mal 20 Armeekorps-Jahre. Wie haben es also statistisch mit einem sehr seltenen Ereignis zu tun, dessen „Erwartungswert" für einen Todesfall pro Jahr und Armeekorps nur 0.61 beträgt.

Swoboda hat dieses Beispiel zur Illustration der Poissonverteilung sehr anschaulich erläutert:

Ausgangsbasis ist ein mittlerer Erwartungswert, der in der Poissonformel λ (gesprochen Lambda) heißt, und vergleicht diese Unglücksfälle mit einer Verteilung nach Poisson. Die Formel lautet:

$$P_h = \frac{e - \lambda * \lambda^{\wedge}x}{x\,!}$$

Dabei steht λ für den E-Wert 0.61, x = Zahl der gesuchten Ereignisse. Zunächst erechnet man die Wahrscheinlichkeit, dass der Hufschlag-tod pro Jahr und Korps gar nicht, also 0 mal eintritt. $x = 0$

Dann lautet die Formel

$$P_0 = \frac{e \char`\^ 0.61 * (0.61) \char`\^ 0}{0!}$$

Die Zahl **e** (klein geschrieben!) ist die Basis der natürlichen Logarithmen und hat den Wert 2.718. Und jede Zahl, die mit 0 potenziert wird ($\char`\^ 0$) ergibt nach mathematischer Vereinbarung 1. Ebenso ist 0! (= 0 Fakultät) definitionsgemäß festgelegt durch den Wert 1.

Also rechnen wir

$2.718 \char`\^ 0.61 = 1.842$ Dies ist ein p- bzw. ein w-Wert.
Um den Erwartungswert zu erhalten, müssen wir den Reziprokwert suchen, also $1 / 1.842 = 0.543$

Nach der Poisson-Verteilung sollte das Ereignis „kein Toter durch Hufschlag" in 543 von 1000 „Armeekorps-Jahren", also Null mal eintreten bzw. 109 mal bei 200 Beobachtungen .

Nächster Rechenschritt: wie oft wird e i n Todesfall durch Hufschlag pro Armeekorps eintreten? Dh. x = 1

$$P_1 = \frac{e \char`\^ 0.61 * (0.61) \char`\^ 1}{1!} = 0.331$$

In 331 von 1000 Fällen, dh. etwa in 66 von 200 sollte es einen Toten geben.

Wie wahrscheinlich werden 2 Hufschlag-Tote sein?

$$P_2 = \frac{e \char`\^ 0.61 * (0.61) \char`\^ 2}{2!} = 0.101$$

In 101 von 1000 möglichen Fällen, also in 20 von 200 Armeekorps-Jahren.

Und wie oft werden 3 Tote in 20 Korps innerhalb 10 Jahren zu beklagen sein?

$$P_3 = \frac{e \char`\^ 0.61 * (0.61) \char`\^ 3}{3!} = 0.021 = 4 \text{ Fälle pro } 200 \quad \text{und}$$

$$P_4 = \frac{e^{\wedge} 0.61 * (0.61)^{\wedge}4}{4!} = 0.003 = 0.6 \text{ Fälle pro } 200$$

Und stellt man nun die tatsächlichen Fälle den durch die Poi-Formel errechneten gegenüber , so ergibt sich ein eindrucksvoller Nachweis dafür, dass die Poissonverteilung den Sachverhalt in nahezu idealer Weise bestätigt.

		tatsächlich	errechnet nach Poi
0	Tote	109	109
1	Toter	65	66
2	Tote	22	20
3	Tote	3	4
4	Tote	1	0,6

„Einen perfekteren Nachweis dafür, dass die Poissonverteilung diesen Sachverhalt treffend wiedergibt, kann man sich kaum vorstellen", schreibt Swoboda.

Die Poissonverteilung geht von der stillschweigenden Voraussetzung aus, dass es sich um eine sehr k l e i n e Wahrscheinlichkeit (p) handelt und dass der Beobachtungszeitraum, dh. n sehr gross ist, nämlich 73 000 Tage. (Deshalb taucht n in der Poissonformel auch gar nicht auf).

Swoboda weist noch auf einen prinzipiellen Gedanken hin:
In diesem Falle wurden die 200 Armeekorps-Jahre in 200 * 365 = 73 000 einzelne Tage zerlegt, so dass höchstens ein Ereignis in einem solchen Zeitabschnitt auftritt. Innerhalb dieser riesigen möglichen Ereignismenge befinden sich 122 Hufschlag-Todestage. Diese nahezu unendliche Unterteilung einer Zeitstrecke findet nun Ausdruck in jener Zahl e, die ja ebenfalls eine unendliche Unterteilung der Zeitstrecke darstellt. Denn

$$e = \frac{1}{0!} + \frac{1}{1!} + \frac{1}{2!} + \frac{1}{3!} + \frac{1}{4!} + \frac{1}{5!} \ldots = 2.7183$$

v.Bortkievicz hat 1898 als Dreißigjähriger ein Buch über „*Das Gesetz der kleinen Zahlen*" geschrieben, in dem er diese statistische Arbeit über den Hufschlag-Tod veröffentlichte. Die von dem jungen Mathematiker in seinem Buchtitel gewählte Bezeichnung bezieht sich also auf die *Seltenheit* der zugrunde liegende Ereignisse. Und diese erstrecken sich eben auf einen riesigen Zeitraum. „Aufgrund des suggerierten, in Wahrheit aber überhaupt nicht postulierten G e g e n s a t z e s zum *Gesetz der großen Zahlen,* ist diese Bezeichnung aber eher mißdeutig, denn hilfreich." (Bewersdorff)

> Und das heißt : nicht durch die Ergebnisse der Poissonverteilung erweist sich das *Gesetz der kleinen Zahlen,* sondern durch einen besonders kleinen Zeitraum. Folglich kann nur eine geringe Menge von *Versuchen* als Kontrast zum *Gesetz der großen Zahlen* formuliert werden.

Wichtigstes Merkmal der Poissonformel ist, dass sie im Gegensatz zur Normalverteilung durch die einzige Variable λ bestimmt ist. Lediglich die bisher empirisch festgestellte durchschnittliche Ereignishäufigkeit, mit andere Worten: die „Trefferwahrscheinlichkeit", geht in die Formel ein. Dagegen sind zur Festlegung der Normalverteilung sowohl Mittelwert als auch die Streuung erforderlich.

Woitschach beschreibt die Poissonformel etwas einfacher:

$$P_h = \frac{\lambda \wedge h}{e \wedge \lambda \ast h!}$$

λ = arithmetisches Mittel des Erwartungswertes
h   = gefragte Häufigkeit
e   = Basizahl des log nat.

Die Basis des natürlichen Logarithmus ist somit der Grenzwert einer theoretisch unendlichen Reihe von immer kleiner werdenden Zahlenwerten.

> „Die Poissonverteilung ist folglich nichts anderes als der Grenzfall der Binomialverteilung von unendlich vielen Chancen, also bei einer unendlich feinen Unterteilung der Gesamtwahrscheinlichkeit, bei der die einzelne Chance p unendlich klein wird." (Woitschach)

Da aber genau diese Bedingung für unser Roulett-Modell mit seinen 37 Möglichkeiten (Nummern) n i c h t zutrifft, bedienen wir uns der mathematisch exakten *Binomialverteilung* . Erst durch diese gewinnen wir Einblick in jenes Gesetz, das uns vor allem beschäftigt: in das *Gesetz der kleinen Zahlen.*

Das Gesetz der kleinen Zahlen

Wir haben bereits verstanden, dass Zufallszahlen sich in einer kleinen Anzahl von Würfen sehr ungleichmäßig verteilen. Je kleiner das n ist, umso weiter driftet die Erscheinenshäufigkeit der einzelnen Chancen auseinander. Dies lässt sich bei Glücksspielen in idealer Weise am Roulett-Modell demonstrieren

Wir haben bereits klargestellt, dass v. Bortkiewicz´s Formulierung eines angeblichen *Gesetzes der kleinen Zahlen* auf einer fehlerhaften Interpretation beruht. Es kann im Gegensatz zum Gesetz der grossen Zahlen nur um eines *k l e i n e s* n (=Anzahl der Versuche) gehen, nicht aber um eine kleines p (= Wahrscheinlichkeit des Auftretens bzw. Treffens). Darin liegt das historische Missverständnis.

Auch andere zeitgenössische Autoren gehen mit diesem herangezogenen Gesetz ziemlich unbekümmert um, ohne es näher zu definieren oder seinen Erfinder zu nennen. So spricht der Journalist Gero von Randow in seinem Buch *"Das Ziegenproblem"* über ein "Gesetz der kleinen Zahl", das den beiden amerikanischen Psychologen Daniel Kahnemann und Amos Tversky zugeordnet wird, wo es wiederum in ihrem "Linda-Test" als Beispielfall der "Repräsentationsheuristik" gilt, das der "Verfügbarkeitsheuristik" verwandt sein soll. Wörtlich zitiert:

"Nach der Heuristik ist ein Ereignis in dem Masse wahrscheinlich, wie es die wesentlichen Eigenschaften der Ereignismenge aufweist, aus der es stammt. Anders gesagt: *Ähnlichkeit zählt mehr als Wahrscheinlichkeit."* Auch der berühmte "Spielerirrtum" beruht nach Ansicht von Kahnemann und Tversky letztlich auf der irrigen Annahme eines "Gesetzes der kleinen Zahl", nämlich dass jede Sequenz eines Zufallsprozesse die Gesamtverteilung widerspiegeln müsse . Und wenn sie das nicht tut, dann wird ein Ausgleichsmechanismus erwartet, der bald in die andere Richtung wirke. Das "Gesetz der grossen Zahlen hingegen verspricht nur, dass Stichproben der Gesamtverteilung umso besser entsprechen, je größer sie sind."

Wer jetzt noch nicht verstanden hat, was nach Auffassung der beiden Psychologen das "Gesetz der kleinen Zahlen" bedeutet, der sei über den Begriff der "Heuristik" näher aufgeklärt. Eigentlich bedeutet Heuristik in der Forschung nichts anderes als eine vorläufige Annahme zum

Zweck des besseren Verständnisses eines Sachverhaltes. Laut dem *Lexikon der Psychologie* von Arnold Eysenck und Meili hat das Wort Heuristik zwei Hauptbedeutungen:

- Die Lehre vom Auffinden geeigneter Lösungen in den verschiedenen Wissensgebieten, insbesondere aber in der Mathematik.
- Einzelne Regeln zum Herbeiführen einer Lösung in komplexen Denkbereichen, welche den Suchbereich drastisch einschränken, ohne jedoch eine Lösung mit Sicherheit (wie zB. bei Algorithmen) zu garantieren.

Ein anderes Beispiel einer *Heuristik* stellt die Mittel-Zweck-Analyse dar, welche den Hauptbestandteil eines Simulationsprograms GPS (= General Problem Server) bildet, bestehend aus folgenden Teilen:

1. Problemzustandstransformation
2. Differenzenreduktion
3. Operatorenanwendung

Der geneigte Leser wird mir ersparen, diese Definitionen und Voraussetzungen eines angeblichen *Gesetzes der kleinen Zahlen* näher zu erläutern.

Der Physiker W.L.Clarius, der durch mehrere Roulett-Veröffentlichungen bekannt geworden ist, sorgte in seiner neuesten Schrift über ein Roulett-Gewinnsystem für das Online-Spiel durch nachgewiesene stetige Gewinne für einiges Aufsehen. Hier schreibt er im Vorwort zu seiner Methode, dass man "für echte Zufallszahlen eine unendlich grosse Serie braucht" (Gesetz der großen Zahl) . Ohne dies näher zu erklären, sagt er dann weiter: "Auch wenn als Ausgangsprodukt ein Geiger-Müller-Generator verwendet wurde, der beliebig lange Sequenzen echter Zufallszahlen liefert, hat man pro Spielzeit eines Tages eine e n d l i c h e Sequenz, für die das ´Gesetz der kleinen Zahl´ gilt . Hier beruft sich Clarius also stillschweigend, aber aus richtigem Instinkt, auf ein angebliches Gesetz, das als *echter Kontrats* zum "Gesetz der großen Zahl" aber noch gar nicht korrekt beschrieben wurde.

Ich halte es also für legitim, das vor hundert Jahren von Bortkievicz irrtümlich behauptete mathematische *Gesetz der kleinen Zahlen* in einem anderen Sinne zu formulieren, und zwar als wahren Gegensatz zum *Gesetz der großen Zahlen*. Was sich in diesem bekannten Lehrsatz erst nach einer wirklich großen Anzahl von Versuchen als "gesetzliches Ergebnis" herausstellt, nämlich der *relative Ausgleich* unter allen Elementen der jeweiligen Ereignismenge, das gibt sich nach dem von mir so genannten *"Gesetz der kleinen Zahlen"* schon nach ganz wenigen Würfen bzw. Versuchen zu erkennen:

Gleichwahrscheinliche, unabhängige Zufälle einer bestimmten Ereignismenge treten innerhalb k l e i n e r Strecken notwendig in u n t e r s c h i e d l i c h e r Häufigkeit auf

Besonders deutlich wird diese Wahrnehmung, wenn wir innerhalb einer gegebenen Ereignismenge von 37, 18, 12 oder 6 Chancenteilen nach Ablauf einer bestimmten Anzahl von Würfen bzw. Coups nicht nach dem "trivialen" Mittelwert fragen, sondern nach dem jeweils aufgetretenen *Minimum* und *Maximum*. Hierbei spielt also zunächst nicht eine bestimmte "Augenzahl" bzw. der "Name" einer Teilchance die entscheidende Rolle, sondern die deutliche U n g l e i c h v e r t e i l u n g bezüglich der H ä u f i g k e i t (h) ihres Auftretens.

Diese statistische Betrachtung schließt nicht aus, dass sich auch hier am Ende, dh. nach vielen Versuchen, ein gesicherter Wert für die durch- schnittlichen minimalen und maximalen Häufigkeiten herauskristal- lisieren muß. Aber diese beiden Werte können sich auch nach unendlich vielen Versuchen niemals einander annähern, noch gar identisch sein, weil sie nach beiden Seiten vom arithmetischen Mittelwert mehr oder weniger stark *abweichen*.

Entscheidend für uns ist, dass sich diese beiden Werte auch *berechnen* lassen, und zwar wie schon angekündigt - mit Hilfe der Formel der Formel der *Binomialverteilung*. Mithin ist diese bisher kaum genutzte Formel auch der Schlüssel zum *G e s e t z d e r k l e i n e n Z a h l e n*.

Wegen ihrer Kompliziertheit hat sich diese Formel nie besonderer Beliebtheit erfreut, eigentlich ist sie innerhalb der letzten 300 Jahre fast in Vergessenheit geraten. Konnte doch selbst Bernoulli damit nur ganz einfache kurze Fragestellungen zur Augenverteilung eines Würfels berechnen, aber niemals die Ungleichverteilung aus einer größeren Ereignismenge, wie den 37 Zahlen des Rouletts. Abgesehen davon stellte sich diese Frage damals noch gar nicht, weil dieses intelligente Glücks- spiel erst in den Jahren der französischen Revolution aufkam, also mindestens 80 Jahre nach Bernoulli´s Tod. Erst der Informatiker Max Woitschach hat diese wichtige Formel in den 70er Jahren des vergangenen Jahrhunderts mit Computern berechnen können und in mehreren Büchern immer wieder neu erklärt und somit ins Bewusstsein der Öffentlichkeit gebracht.

Es scheint, dass der Gebrauch der BIN-Formel heute durch die automatische Berechenbarkeit wieder etwas in Mode gekommen ist. So wird sie in Jörg Bewersdorffs vielseitiger mathematischer Spielanalyse *„Glück, Logik und Bluff "* viermal erwähnt, aber immer nur mit dem Gesetz der großen Zahlen in Verbindung gebracht. Dabei wird diese Formel vom Autor nur dazu verwendet, um das in Roulett-Kreisen bekannte *Zweidrittel-Gesetz* mit kaum gerechtfertigtem mathematischen Aufwand als gültig zu beweisen. Aber dieses genannte elementare Gesetz lässt sich für eine „Rotatation", dh. 37 Coups, viel einfacher und mit gleicher Genauigkeit über die *Gegenwahrscheinlichkeit* durch die Exponentialformel

$$q = (36/37)^{\wedge} 37 = 36.285\ \%\quad n\ i\ c\ h\ t\ \text{erscheinende Zahlen}$$

belegen. Und wenn man diese Zahl mit den 37 Möglichkeiten (bzw. Nummern) des Rouletts multipliziert, so erhält man den wichtigen Erwartungswert von 13,4 verschiedenen Zahlen, die bis zum 37. Coups durchschnittlich noch nicht herauskommen werden. Das ist etwa 1/3 aller möglichen Zahlen bzw. Nummern. Da wir aber wissen wollen, wie viele (verschiedene) Zahlen bis zum 37 Coups # erscheinen werden, müssen wir die Anzahl der n i c h t erschienenen Nummern von 37 abziehen. Und das ergibt 23.575 Nummern, die *mindestens* einmal getroffen haben werden.

Allerdings bleibt bei Bewersdorff der Hinweis, dass sich mit Hilfe der Binomialformel die unterschiedlichen Häufigkeiten im Erscheinen der ü b r i g e n Zahlen genau so plastisch - nämlich auch als *„ s o z i a b l e "* Erwartungswerte mit ebensolcher Genauigkeit bestimmen lassen, völlig außer acht. Denn genau diese Einsicht hätte nämlich im Ergebnis zu der Wahrnehmung eines *Gesetzes der kleinen Zahlen* geführt.

Die Ungleichverteilung zufälliger Ereignisse

Obwohl sich die herrschende wissenschaftliche Überzeugung gerade beim Roulett immer wieder auf das *Gesetz der großen Zahlen* beruft, unterliegen alle relevanten statistischen Wahrnehmungen genau *gegensätzlichen* Bedingungen. Am bekanntesten ist das von der Wissenschaft noch immer ignorierte *Gesetz des Drittels,* meist jedoch "Zweidrittel-Gesetz" genannt. Wer vom "Gesetz des Drittels" spricht, betrachtet die Größenverhältnisse *solitär,* wer sich an die Bezeichnung "Zweidrittel-Gesetz" hält, geht von der pragmatischen Sicht der *soziablen* Zählweise aus.

Natürlich gilt dieses 2/3–Gesetz auch für alle übrigen Chancenkategorien, also zB. genau so für die Transversale pleine (Tp), die so genannte "Dreiertransversale". Auch hier kommen innerhalb von 12 Coups im Mittel nur 8 verschiedene Chancenteile (Tp) heraus, der Rest sind Mehrfachtreffer. Genau Rechnung: (34/37) ^12 * 12 = 4.35 Tp, die # nicht erscheinen. Also werden 7.65 verschiedene Tp werden bis zum 12.Coup # (mindestens einmal) erscheinen.

Wie hartnäckig sich dieses Gesetz durchsetzt, können wir uns daran klar machen, dass es nur höchst selten passieren wird, dass innerhalb 12 Coups alle 12 Tp einmal – selbst in unregelmäßiger Reihenfolge – herauskommen.

Nach der Formel

$$12! \, / \, (37/3)^{(37/3)} = 0.000\ 016\ 737$$

wird dieses Ereignis # nur alle 59 743 Coups einmal vorkommen. Diese Zahl soll zugleich verdeutlichen, wie wahrscheinlich es andererseits ist, dass w e n i g e r als 12 verschiedenen Tp innerhalb von 12 Coups, dh. also *Mehrfachtreffer* auftreten werden.

Max Woitschach hat diese Erscheinung des Mehrfachtreffens als "Gesetz der Serie" bezeichnet. Wir können diese unspezifische Definition aber deshalb nicht übernehmen, weil es im Roulett (innerhalb größerer Chancen) tatsächlich *Serien* gibt, dh. Ketten gleichartiger Erscheinungen.

So unterscheiden wir zB. innerhalb der Dutzend-Chance zwischen dem mehrfachen Auftreten der eines Chancenteils :

1 - 3 - 1 - 2 - 1 = "Mehrfachtreffer" des 1.Dutzends = *Dreier*

und der *unmittelbaren* Wiederholung der gleichen Chance, wie 3-1-1-1-2

Hier liegt ein *Drilling* des 1.Dutzends vor, und nur dies können wir als "*Serie*" gelten lassen.

Kommen wir nun endlich zur Binomialverteilung!

Binomialverteilung

Mit der Binomialverteilung lässt sich jede wahrscheinliche Häufung von Zahlen bei mehr als einem Wurf bis hin zu b e l i e b i g vielen Würfen ermitteln. Beginnen wir mit der Plein-Chance für 37 einzelne Nummern. Woitschach hat uns mit der laienverständlichen Erklärung der Formel der *Binomialverteilung* das erforderliche Werkzeug in die Hand gegeben. Die Formel der BIN-Verteilung lautet:

$$P_h = \binom{n}{h} * p^h * q^{n-h} \quad \textbf{oder} \quad \frac{n!}{h! \times (n-h)!} * p^h * q^{n-h}$$

Dabei ist: p = Chance des einzelnen Treffers
           q = 1-p = Gegenwahrscheinlichkeit
                    (= Chance für Nichttreffer)
           h = gefragte Häufigkeit von Treffern
           n = Anzahl der Würfe (Coups)
         P_h = Wahrscheinlichkeit, dass bei n Würfen h Treffer
               erzielt werden

Der in der Klammer stehende Ausdruck „n über h" meint - ausführlich dargestellt - also zwei Fakultäten. Die Basis aller Falkultäten ist laut Definition immer 1. Darauf baut sich die Zahlenreihe auf, die miteinander zu multiplizieren ist. So ist zB.   6! = 6*5*4*3*2*1 = 720

Berechnen wir zunächst die Frage:

Wie verteilen sich durchschnittlich die unterschiedlichen Häufigkeiten der einzelnen Zahlen innerhalb von 37 Coups?

Auf der nächsten Seite haben wir in einer Tabelle den Rechenvorgang in allen einzelnen Schritten genauso dargestellt, wie ihn der Computer nach Maßgabe der Formel berechnen kann. Man muß nur für jeden Buchstaben der Formel den richtigen Wert einsetzen. Der interessierte Leser hat sogar die Möglichkeit, dieselben Rechenschritte auch mit einem (technisch-wissenschaftlichen) Taschenrechner nachrechnen zu können.

Binomiale h-Verteilung für die 1/37-Chance (Plein) in 37 Coups

Für den 37.Coup:

Berechnung

37   0.01007920

	solitär je	Weltschach x37 genau	
1	0	0.36285	13.4255	0 mal
37	1	0.37293	13.7984	1 mal
666	2	0.18647	8.8992	2 mal
7770	3	0.06043	2.2359	3 mal
66045	4	0.01427	0.5279	4 mal
435897	5	0.00262	0.0968	5 mal
2324784	6	0.00039	0.0143	6 mal
10295472	7	4.8E-05	0.0018	7 mal

1	0.36285135
37	0.01007920
666	0.00027998
7770	0.00000778
66045	0.00000022
435897	6.0009E-09
2324784	1.66692E-10
10295472	4.63032E-12

sozíabel Näifer

h	Cv 37 mindestens	Näifer	
0	13.4255	0 mal	:3 Nummern
1	23.575	1 mal	"Ressenten"
2	9.775	2 mal	
3	2.877	3 mal	
4	0.441	4 mal	1 Ch-Teil
5	0.113	5 mal	"Favorit"
6	0.016	6 mal	
7	0.002	7 mal	

E	Zw 0.5	h
13.684	14 Nummern	1 mal
6.684	7 Nummern	2 mal
2.684	3 Nummern	3 mal
0.684	1 Nummern	4 mal

· Cv

Für die 1/37-Chance heisst der E-Wert für Zw 0.5 = 0.684   folglich gilt:

Der schwierigste (vielleicht unbekannte) Schritt ist die w-mathematische Deutung der Erwartungswerte (E), hier für eine Zutreff-W von 0.5 bzw. 50 %.

Allgemeine Formel: erläutert:

Die W., nach n Coups h Treffer zu erzielen, ist also :

$$h(n) \binom{n}{h} p^h q^{n-h} \text{ oder } \frac{n!}{h!*(n-h)!} * p^h * q^{n-h} = \frac{Coupzahl}{Treffer-h!*(Coupzahl-Treffer-h)!} * (m37)^h * ((37-m)/37)^{Coupzahl-h}$$

Zeichenerklärung:

n Anzahl Coups
h Häufigkeit des Erscheinens

m Chancengrösse (Breite)
p Treffer-W
q Nichttreffer -W

Cv Chancenvielfalt (Ereignismenge)
E   Erwartungswert
Zw Zutreff-Wahrscheinlichkeit

sol "solitär" = für sich allein betrachtet
soz "soziabel" = in Gem. mit allen vorherigen

Beim Roulett werden die Rechnungen deshalb sehr bald kompliziert, weil durch die Fakultäten riesig große Zahlen entstehen, die mit einander dividiert werden.

Deshalb können wir dieses kombinatorische Verteilungsproblem der mathematisch exakten Binomialverteilung nur durch den Computer (in Excel) rechnen "lassen". Der interessierte Leser hat aber auch die Möglichkeit, dieselben Rechenschritte sogar mit einem (technisch - wissenschaftlichen) Taschenrechner nachrechnen zu können.

Ich betone, dass diese hier vorgeführte Art der Berechnung auf der vorangehenden Seite durch den PC als absolut unprofessionell gilt, und jeder Mathematiker über diese Darstellung lächeln würde. Obwohl es dafür eine weit elegantere Berechnungsart gibt, die wir auch noch vorführen werden, ist es dennoch sinnvoll, diese ausführlichste aller Möglichkeiten darzustellen, um den Vorgang verstehen zu lernen.

Schauen wir uns die zuvor wiedergegebene Tabelle genauer an, die sich in ihrer Berechnung nur und allein auf die Länge von genau 37 Wurfergebnissen (Coups) für die 1/37 – Chance, also auf eine Nummer im Roulett, bezieht. Für jede andere Länge müsste man die gleiche Rechnung noch einmal ausführen. Denn die Binomialformel sagt für die wahrscheinliche, dh. durchschnittliche (ungleiche) Häufigkeitsverteilung von 37 verschiedenen Chancenteilen nur aus, dass innerhalb 37 Coups

	13.4	Nummern	0	mal, dh. gar nicht erscheinen,	
genau	13.8	Nummern	1	mal erscheinen	
genau	6.9	"	2	mal	"
genau	2.24	"	3	mal	"
genau	0.53	"	4	mal	"

Es dürfte einleuchten, dass mit diesen *(solitären)* Werten in der praktischen Glücksspielforschung nur recht wenig anzufangen ist. Denn wir wollen ja wissen, wie viele Zahlen nach 37 Coups *insgesamt* (mindestens) einmal erschienen sind. Und dazu benötigen wir die soziablen Werte.

Das Besondere an den Ergebnissen der Binomialformel ist aber, dass sie jeweils n u r die g e n a u e Anzahl von Elementen der Ereignismenge, dh. von Teilchancen je Häufigkeit angibt, nicht aber die i n s g e s a m t je Häufigkeit h erscheinenden Teile. Es ist auch Max Woitschach nicht aufgefallen, dass hier bei der Berechnung ein letzter Schritt fehlt, um zu einem plausiblen und praktisch verwendbaren Endergebnis zu kommen.

Durch diesen offensichtlichen Mangel angespornt, habe ich schon in den 70er Jahren für diese fundamental bedeutsame Unterscheidung von "genau" und "mindestens" zwei Begriffe eingeführt, die sich gerade hierfür als unersetzlich erwiesen haben:

solitär als "genau" bzw. als "für sich allein betrachtet"
soziabel als "insgesamt" bzw. als "in Gemeinschaft mit allen vorhergehenden"

Ohne diese begriffliche Unterscheidung kann man nach meiner Überzeugung auf diesem Spezialgebiet der Wahrscheinlichkeitsrechnung weder korrekt arbeiten noch sich verständlich machen. Daß Woitschach bei der Berechnung der *solitären* Werte stehen geblieben ist, da sie doch nur eine sehr abstrakte Bedeutung besitzen, erscheint mir bis heute unerklärlich.

Die Ungleichverteilung nach BIN habe ich schon 1979 in meinem Buch *DIE BERECHNUNG DES ZUFALLS* "zuende" gerechnet und komme durch eine einfache Kettenrechnung zu den praktisch relevanten Ergebnissen der *soziablen* Betrachtung bzw. Zählweise.

Ausgangspunkt der Berechnung ist immer der Wert der n i c h t erschienenen Chancenteile (der Wert h = 0), für den es keine Unterscheidung von solitär oder soziabel geben kann.

Zieht man von der vollen Ereignismenge 37 die 13.575 nicht erschienenen Nummern ab, so verbleiben *i n s g e s a m t* 23.575 Nummern , die innerhalb 37 Coups bisher (mindestens einmal) erschienen sind. Man kann dann also sagen:

13.798 Nummern sind *genau* 1 mal erschienen *(solitär)*, aber
23.575 Nummern sind *mindestens* 1 mal erschienen (*soziabel*)

Zieht man von den mindestens 1 mal erschienenen Nummern die Anzahl der *genau* 1 mal erschienenen ab (23.575 – 13.798), so erhält man (soziabel) 9.776 Nummern, die *mindestens* 2 mal erschienen sind bzw. erscheinen werden. Und 9.776 Nummern minus 6.899 Nummern ergibt 2.877 Nummern, die *mindestens* 3 mal erschienen sind, und so immer weiter...

Damit sollte das Prinzip der Kettensubtraktion klar sein. Erst auf diese Weise erhalten wir realistische Werte, mit denen wir hantieren können. Am meisten interessiert uns dabei immer die Größe für den *häufigsten* Wert: in diesem Falle "der Vierer". In der Spielersprache heißt dieser vorauseilende Chancenteil "F a v o r i t". Aufgrund der gesetzlichen Ungleichverteilung gibt es fast immer einen Favoriten, gelegentlich aber auch zwei von gleicher Häufigkeit, was taktisch zu entsprechendem Abwarten der Entwicklung raten würde.

In Woitschachs Buch *Läßt sich der Zufall rechnen?* (1978) gibt es eine aufschlussreiche Gegenüberstellung der Ergebnisse für 37 Zahlen aus der exakten Binomialformel und den angenäherten Werte nach der Poissonformel, in der außer den Wahrscheinlichkeiten in % auch die (solitäre) Verteilung der Zahlen, also die *Erwartungswerte* gegenübergestellt werden.

	37 BIN 37			37 POI 37	
h	w %	E	h	w %	E
0	36.2851	13.4255	0	36.7879	13.1615
1	37.2931	13.7984	1	36.7879	13.7984
2	18.6465	6.8992	2	18.394	6.8058
3	6.0429	2.2359	3	6.1313	2.2686
4	1.4268	0.5279	4	1.5328	0.5671
5	0.2616	0.0976	5	0.3066	0.1134

Auch wenn hier noch keine größeren Unterschiede zwischen den Ergebnissen der BIN- und POI-Verteilung auftreten, sie vergrößern sich bei längeren Strecken, dh. größerem n und h doch so beträchtlich, dass wir in unseren Berechnungen uns allein auf die mathematisch exakte BIN- Verteilung stützen.

Wir kommen nun zu der vereinfachten Berechnungsform der BIN-Verteilung, wie sie Max Woitschach 1986 in seinem Buch *Gödel, Götzen und Computer* beschrieben hat.

Man beginnt immer mit der Wahrscheinlichkeit für 0 Treffer, also mit Po. Aus diesem konstanten Wert der Gegenwahrscheinlichkeit q lassen sich alle (solitären) Wahrscheinlichkeiten der einzelnen Häufigkeiten berechnen. Wir wissen ja, dass $p_0 = q \wedge n$ ist. Weil jedes Ergebnis der Eingangswert für die Berechnung des jeweils nächsten Ergebnisses ist, haben wir es auch hier mit einer Rekursionsrechnung zu tun. Sie lässt sich besonders leicht (zB. mit Excel) auf dem Computer durchführen.

Wenn man eine Länge von 37 Coups vorgibt, dann wird die Tabelle auch 37 Zeilen lang und gibt für jeden Coup einen – auch noch so geringen – Wahrscheinlichkeitswert aus. Die Summe der 5.Ziffernspalte p bzw. w muß also den Wert 1.000 ergeben. Will man % - Werte haben, so braucht man nur das Komma um 2 Stellen nach rechts zu versetzen.

Aus den W-Werten gewinnt man *Erwartungswerte* (E), in dem man die W - Werte mit 37 multipliziert. Dadurch entstehen die (solitären) Angaben für die jeweilige genaue Anzahl von Chancenteilen bzw. Nummern. Bis hierher hat Woitschach gerechnet, deshalb habe ich die Verfassernamen über die Spalten gesetzt. Selbstverständlich stimmen die hier wiedergegebenen Werte mit denen der vorherigen Tabelle genau überein.

Unter der Spalte "Haller" sind wiederum die soziablen Werte aufgelistet, die durch die Kettensubtraktion gewonnen werden. Und ganz rechts schließlich habe ich die Werte des zuvor erläuterten empirischen Tests angegeben.

Die vereinfachte Berechnung der unterschiedlichen
Häufigkeitsverteilung von Zufällen

nach der Binomialformel
Roulett-Modell: die Pleinchance für 37 Coups

							Woltschach		mathematisch		emp
Formel:	E sol. $= q^n * (p/q) * (n/h) * 37$								**Haller**		**Haller**
							Wahrschein-		Anzahl	Anzahl	Anzahl
							lichkeit		Zahlen	Zahlen	Zahlen
									genau	mindest.	mindest.
Für Plein = 1/37	W für alle möglichen Trefferhäufigkeiten								solitär	soziabel	soziabel
	in 37 Versuchen (Würfen)										ganzz. gerundet
q^n	*	p/q	*	n	/h		p oder w	h	(37/1)	37	h	€

q^n	*	p/q	*	n	/h		p oder w	h	(37/1)	37	h	€
							0.36285135	0	13.42550	**13.4255**	0	**13**
0.3628513	*	0.0278	*	37	1	=	0.37293055	1	13.79843	23.5745	1	**24**
0.3729305	*	0.0278	*	36	2	=	0.18646527	2	6.89922	9.7761	2	
0.1864653	*	0.0278	*	35	3	=	0.06042856	3	2.23586	2.8769	3	
0.0604286	*	0.0278	*	34	4	=	0.01426785	4	0.52791	**0.6410**	4	**1**
0.0142679	*	0.0278	*	33	5	=	0.00261577	5	0.09678	0.1131	5	
0.0026158	*	0.0278	*	32	6	=	0.00038752	6	0.01434	0.0163	6	
0.0003875	*	0.0278	*	31	7	=	4.7671E-05	7	0.00176	0.0020	7	
4.767E-05	*	0.0278	*	30	8	=	4.9658E-06	8				
4.966E-06	*	0.0278	*	29	9	=	4.4447E-07	9	(E-Werte)	(E-Werte)		
4.445E-07	*	0.0278	*	28	10	=	3.457E-08	10				
3.457E-08	*	0.0278	*	27	11	=	2.357E-09	11				
2.357E-09	*	0.0278	*	26	12	=	1.4186E-10	12				
1.419E-10	*	0.0278		25	13	=	7.5779E-12	13				
7.578E-12	*	0.0278		24	14	=	3.6085E-13	14				
3.609E-13	*	0.0278		23	15	=	1.537E-14	15				
1.537E-14	*	0.0278		22	16	=	5.8703E-16	16				
5.87E-16	*	0.0278		21	17	=	2.0143E-17	17				
2.014E-17	*	0.0278		20	18	=	6.2171E-19	18				
6.217E-19	*	0.0278		19	19	=	1.727E-20	19				
1.727E-20	*	0.0278		18	20	=	4.3174E-22	20				
4.317E-22	*	0.0278		17	21	=	9.7084E-24	21				
9.708E-24	*	0.0278		16	22	=	1.9613E-25	22				
1.961E-25	*	0.0278		15	23	=	3.5531E-27	23				
3.553E-27	*	0.0278		14	24	=	5.7573E-29	24				
5.757E-29	*	0.0278		13	25	=	8.3161E-31	25				
8.316E-31	*	0.0278		12	26	=	1.0662E-32	26				
1.066E-32	*	0.0278		11	27	=	1.2066E-34	27				
1.207E-34	*	0.0278		10	28	=	1.197E-36	28				
1.197E-36	*	0.0278		9	29	=	1.0319E-38	29				
1.032E-38	*	0.0278		8	30	=	7.6436E-41	30				
7.644E-41	*	0.0278		7	31	=	4.7944E-43	31				
4.794E-43	*	0.0278		6	32	=	2.4971E-45	32				
2.497E-45	*	0.0278		5	33	=	1.051E-47	33				
1.051E-47	*	0.0278		4	34	=	3.4345E-50	34				
3.435E-50	*	0.0278		3	35	=	8.1774E-53	35				
8.177E-53	*	0.0278		2	36	=	1.2619E-55	36				
1.262E-55	*	0.0278		1	37	=	9.4741E-59	37				
							1.000000					
q^n	*	p/q	*	n	/h		w	h				

Zum Vergleich habe ich in einer Statistik 300 mal abgefragt:

Wie viele Chancenteile erscheinen nach 37 Coups gar nicht oder am seltensten bzw. am häufigsten?

Wir ersparen uns eine detaillierte Tabelle und geben nur die Endwerte an: Innerhalb einer Rotation wurden nach 300 Abfragen folgende Maxima gefunden:

h	%
2	2.33
3	42.33
4	43.00
5	11.00
6	1.33
Summe	100 % arithm. Mittelwert h = 3.67

Dieser E-Wert von 3.67 ist bei einer 50%igen Zw gleich h 4 zu setzen, weil E 3.684 = 0.5 ZW entspricht.

Die kleinste Häufigkeit ist natürlich immer 0, weil ja # ganze 13 Zahlen noch nicht getroffen haben können.

Das Tagespensum von 10 Rotationen = 370 Coups haben wir bereits unter dem Kapitel „Normalverteilung" als empirische Statistik abgebildet. Dabei ist der Vergleich mit der mathematisch exakten BIN-Berechnung sehr aufschlussreich.

Die empirischen Durchschnitte beliefen sich für die minimale h auf 3.96 und für die maximale h auf 17.32-faches Erscheinen einer Nummer. Auch die mathematische Aussage der BIN-Verteilung kann sich natürlich nur auf Durchschnittswerte beziehen.

Die vereinfachte Berechnung der unterschiedlichen Häufigkeitsverteilung von Zufällen
nach der Binomialformel
Roulett-Modell: die Pleinchance für 370 Coups

Formel: $E\ sol. = q \wedge n * (p / q) * (n / h) * 37$

W für alle möglichen Trefferhäufigkeiten nach 370 Versuchen (Würfen)

q ^ n	*	p / q	*	n	/ h	=	p oder w	h	(37/1)	37	h	E	h
										Woltschach Wahrscheinlichkeit		**mathematisch** Anzahl Zahlen genau solitär	**Haller** Anzahl Zahlen mindest. sozlabel	**Haller emp** Anzahl Zahlen mindest. sozlabel genzz. gerundet
							3.9563E-05	0	0.00146	36.9965	0		
3.956E-05	*	0.0278	*	370	1	=	0.00040662	1	0.01504	36.9835	1		
0.0004066	*	0.0278	*	369	2	=	0.00208392	2	0.07710	36.9684	2		
0.0020839	*	0.0278	*	368	3	=	0.00710076	3	0.26273	36.8913	3		
0.0071008	*	0.0278	*	367	4	=	0.01809706	4	0.66959	36.6266	4	1	4
0.0180971	*	0.0278	*	366	5	=	0.03679736	5	1.36150	35.9590	5		
0.0367974	*	0.0278	*	365	6	=	0.06218073	6	2.30069	34.5975	6		
0.0621807	*	0.0278	*	364	7	=	0.08981661	7	3.32321	32.2968	7		
0.0898166	*	0.0278	*	363	8	=	0.11320635	8	4.18863	28.9736	8		
0.1132063	*	0.0278	*	362	9	=	0.12648364	9	4.67989	24.7850	9		
0.1264836	*	0.0278	*	361	10	=	0.12683498	10	4.69289	20.1051	10	mü	
0.126835	*	0.0278	*	360	11	=	0.11530453	11	4.26627	15.4122	11		
0.1153045	*	0.0278	*	359	12	=	0.0958202	12	3.54535	11.1459	12		
0.0958202	*	0.0278	*	358	13	=	0.07329836	13	2.71204	7.6006	13		
0.0732984	*	0.0278	*	357	14	=	0.05191967	14	1.92103	4.8885	14		
0.0519197	*	0.0278	*	356	15	=	0.03422852	15	1.26646	2.9675	15		
0.0342285	*	0.0278	*	355	16	=	0.0210957	16	0.78054	1.7011	16		
0.0210957	*	0.0278	*	354	17	=	0.01220242	17	0.45149	0.9205	17	1	17
0.0122024	*	0.0278	*	353	18	=	0.0066473	18	0.24595	0.4690	18		
0.0066473	*	0.0278	*	352	19	=	0.00342083	19	0.12657	0.2231	19		
0.0034208	*	0.0278	*	351	20	=	0.00166766	20	0.06170	0.0965	20		
0.0016677	*	0.0278	*	350	21	=	0.00077206	21	0.02857	0.0348	21		
0.0007721	*	0.0278	*	349	22	=	0.00034021	22	(E-Werte)	(E-Werte)			
0.0003402	*	0.0278	*	348	23	=	0.00014299	23					
0.000143	*	0.0278	*	347	24	=	5.7427E-05	24					
5.743E-05	*	0.0278	*	346	25	=	2.2078E-05	25					
2.208E-05	*	0.0278	*	345	26	=	8.1376E-06	26					
8.138E-06	*	0.0278	*	344	27	=	2.88E-06	27					
2.88E-06	*	0.0278	*	343	28	=	9.7999E-07	28					
9.8E-07	*	0.0278	*	342	29	=	3.2103E-07	29					
3.21E-07	*	0.0278	*	341	30	=	1.0136E-07	30					
1.014E-07	*	0.0278	*	340	31	=	3.0881E-08	31					
3.088E-08	*	0.0278	*	339	32	=	9.0874E-09	32					
9.087E-09	*	0.0278	*	338	33	=	2.5855E-09	33					
2.585E-09	*	0.0278	*	337	34	=	7.1185E-10	34					
7.118E-10	*	0.0278	*	336	35	=	1.8983E-10	35					
1.898E-10	*	0.0278	*	335	36	=	4.9068E-11	36					
4.907E-11	*	0.0278	*	334	37	=	1.2304E-11	37					
							1.000000						
q ^ n	*	p / q	*	n	/ h		w	h					

Es ist nun an der Zeit, in unserem Roulett-Modell auch einmal auf andere, größere Chancenkategorien als die Plein-Chance, also nur auf eine einzelne Nummer einzugehen. Wählen wir dafür die 1/12-Chance, die so genannte "Transversale pleine"(Tp), in der Spielersprache auch "Dreiertansversale" genannt.

Auch diesmal wollen wir erst den empirischen Test vorstellen und danach die Ergebnisse der mathematischen Berechnung.

Die Fragestellung lautet auch hier:

> Wie oft kommt innerhalb von 37 Coups bei "wahrscheinlichst" unterschiedlicher h-Verteilung die häufigste und die seltenste Chance heraus?

Die Ereignismenge beträgt 12, die Versuchslänge 37 und der arithmetische Mittelwert liegt bei 3. Um ein einigermaßen signifikantes Ergebnis zu erhalten, machen wir diesen Test (nach dem Gesetz der großen Zahlen) 200 mal und halten jedes Mal den minimalen und maximalen h-Wert der Erscheinensfrequenz fest. Zur Ermittlung der Werte diente uns das Roulett-Analyseprogramm RAN.

Es liegt auf der Hand, dass bei dieser Art Fragestellung etwas anderes herauskommen muss, als bei der Häufigkeitszählung aller 12 Chancenteile in einer sehr großen Strecke, bei der nach längerem Test die Häufigkeiten durchweg relativ gleich groß eintreten werden. Hier also wird nicht nach der h für die erste, zweite, dritte ... und zwölfte Tp gefragt, sondern nach einem anderen Kriterium: der Häufigkeit des jeweils *seltensten* und *häufigsten* Chancenteils. Wie dieser Chancenteil heißt, ist zunächst gleichgültig; es wird zB. unter den Maxima einmal die 3., einmal die 7. und ein anderes Mal die 12. Tp sein. Wir wollen nur wissen, *wie oft* ist die seltenste und häufigste Tp jeweils innerhalb 37 Coups aufgetreten?

Es muss sich also immer um zwei extrem auseinander liegende Werte handeln, das Min. wird unter dem # -Wert 3 liegen, das Max. immer darüber. Während aber das Min nicht kleiner als 0 sein kann – nämlich eine Tp innerhalb 37 Coups gar nicht erschienen – kann das Max in Einzelfällen einen sehr hohen Wert erreichen: in unserem Test beträgt er 3 mal, dh,. in 1,5 % der Fälle die h = 10.

Teilt man die Summe aller Min- und Max-Fälle durch die Anzahl der Testmenge, so erhalten wir für die # h selbstverständlich keine runden

Zahlen, sondern Dezimalbrüche. Die geringste # h für das Min liegt bei 0.605 maligem Erscheinen, die höchste # h für das Max liegt bei 6.075 maligem Erscheinen. Durchschnittlich ist also innerhalb 37 Coups irgend eine Tp als Minimum jeweils kaum 1 mal erschienen, irgend eine andere Tp innerhalb der gleichen Strecke als Maximum dagegen schon 6 mal. Beide Werte stellen wiederum einen Durchschnitt (#) dar.

Wir haben zur Kontrolle auch eine statistische Gesamtabrechnung über die Erscheinens-h aller 12 Tp gemacht:

200 Tests je 37 Coups erfordern ein Volumen von 7400 Coups, in denen statt 200 mal Zero hier zufällig nur 179 Zero-Fälle auftreten. Die restlichen 7 221 Coups verteilen sich im Endergebnis auf die 12Tp so, wie am Ende der Statistik angegeben.

Durchschnittlich sollten je Tp 200 auftreten, die je 600 Coups erfordern. Empirischer h-# für 1 Tp sind 200.8 . Aber diese Ergebnisse dienen nur der Plausibilitätsprüfung und als statistischer Hintergrund. Durchgeführt wurde dieser Test lediglich zur Ermittlung des # *Minimums* und *Maximums* der jeweiligen Erscheinensfrequenz.

Dabei wird sich herausstellen, dass es innerhalb *"kleiner Zahlen"*, dh. Permanenzstrecken, immer Vorläufer und Nachzügler geben wird. Unter den geprüften 200 Fällen der am häufigsten und am seltensten erschienenen Dreiertransversalen (Tp), die wir im folgenden Kapitel auflisten, gab es nicht einen einzigen Fall, in dem alle 12 Tp g l e i c h häufig aufgetreten wären!

Eigentlich gehört nicht sehr viel Phantasie dazu, dass diese gesetzmäßig auftretende Ungleichverteilung auch Ansatzpunkt für Möglichkeiten einer Spielstrategie bietet, sofern man jene Chancenteile genauer ins Auge fasst, die h ä u f i g e r als durchschnittlich herauskommen. In Spielkreisen bezeichnet man dieses Vorgehen als "Favoriten-Strategie".

Jetzt also folgt der empirische Test.

Emp. Verteilung der 12 Transv. pleine (Tp) nach 37 Coups

	chrologisch		aufst.geordn.			chrologisch		aufst.geordn.	
	Min	Max	Min	Max		Min	Max	Min	Max
1	1	6	0	4	51	0	6	0	5
2	1	6	0	4	52	1	7	0	5
3	0	5	0	4	53	1	6	0	5
4	0	5	0	4	54	1	6	0	5
5	0	6	0	4	55	0	4	0	5
6	0	7	0	4	56	0	5	0	5
7	0	5	0	4	57	1	6	0	5
8	0	6	0	4	58	0	7	0	5
9	0	6	0	5	59	0	5	0	5
10	1	5	0	5	60	0	7	0	5
11	1	5	0	5	61	0	5	0	5
12	2	4	0	5	62	1	6	0	5
13	1	5	0	5	63	1	5	0	5
14	1	7	0	5	64	1	4	0	6
15	1	7	0	5	65	1	5	0	6
16	0	9	0	5	66	1	6	0	6
17	0	6	0	5	67	1	7	0	6
18	0	7	0	5	68	0	8	0	6
19	0	6	0	5	69	0	6	0	6
20	0	7	0	5	70	1	6	0	6
21	1	6	0	5	71	0	5	0	6
22	2	5	0	5	72	0	6	0	6
23	0	7	0	5	73	1	6	0	6
24	1	5	0	5	74	1	7	0	6
25	1	5	0	5	75	1	6	0	6
26	0	6	0	5	76	1	10	0	6
27	1	6	0	5	77	1	6	0	6
28	1	5	0	5	78	0	6	0	6
29	0	6	0	5	79	1	6	0	6
30	1	5	0	5	80	1	4	0	6
31	0	6	0	5	81	1	7	0	6
32	1	7	0	5	82	1	5	0	6
33	0	7	0	5	83	0	6	0	6
34	0	8	0	5	84	1	5	0	6
35	1	6	0	5	85	0	6	0	6
36	2	4	0	5	86	1	7	0	6
37	0	6	0	5	87	1	6	0	6
38	0	6	0	5	88	0	7	0	6
39	0	7	0	5	89	0	5	0	6
40	1	6	0	5	90	0	7	1	6
41	1	5	0	5	91	0	6	1	6
42	1	5	0	5	92	0	6	1	6
43	0	8	0	5	93	1	5	1	6
44	1	5	0	5	94	1	4	1	6
45	1	6	0	5	95	1	8	1	6
46	1	6	0	5	96	0	6	1	6
47	1	6	0	5	97	0	6	1	6
48	1	6	0	5	98	1	6	1	6
49	1	7	0	5	99	1	5	1	6
50	1	5	0	5	100	0	6	1	6
	Min	Max	Min	Max		Min	Max	Min	Max
	chrologisch		aufst.geordn.			chrologisch		aufst.geordn.	

Emp. Verteilung der 12 Transv. pleine (Tp) nach 37 Coups

	chrologisch		aufst.geordn.			chrologisch		aufst.geordn.	
	Min	Max	Min	Max		Min	Max	Min	Max
101	0	6	1	6	151	0	8	1	7
102	1	7	1	6	152	1	7	1	7
103	1	5	1	6	153	2	7	1	7
104	0	7	1	6	154	0	6	1	7
105	1	5	1	6	155	1	6	1	7
106	1	8	1	6	156	0	6	1	7
107	0	5	1	6	157	0	6	1	7
108	0	10	1	6	158	1	6	1	7
109	1	6	1	6	159	1	5	1	7
110	0	5	1	6	160	1	6	1	7
111	1	5	1	6	161	1	7	1	7
112	0	6	1	6	162	0	5	1	7
113	1	6	1	6	163	0	8	1	7
114	1	5	1	6	164	1	6	1	7
115	0	7	1	6	165	1	6	1	7
116	0	6	1	6	166	1	5	1	7
117	1	5	1	6	167	0	6	1	7
118	1	8	1	6	168	1	7	1	7
119	1	5	1	6	169	0	5	1	7
120	0	6	1	6	170	0	7	1	7
121	0	6	1	6	171	1	6	1	7
122	0	6	1	6	172	0	5	1	7
123	1	10	1	6	173	1	5	1	7
124	0	7	1	6	174	0	6	1	7
125	0	7	1	6	175	0	9	1	7
126	0	6	1	6	176	0	6	1	7
127	0	6	1	6	177	0	8	1	7
128	0	7	1	6	178	1	5	1	7
129	0	6	1	6	179	0	6	1	7
130	2	5	1	6	180	0	8	1	7
131	1	5	1	6	181	0	5	1	7
132	0	7	1	6	182	1	6	1	7
133	1	6	1	6	183	1	6	1	8
134	1	6	1	6	184	0	5	1	8
135	1	8	1	6	185	0	9	1	8
136	1	5	1	6	186	2	5	1	8
137	1	7	1	6	187	1	5	1	8
138	0	6	1	6	188	1	5	1	8
139	1	6	1	6	189	0	7	1	8
140	1	7	1	6	190	1	6	1	8
141	1	7	1	6	191	1	5	2	8
142	1	7	1	6	192	1	6	2	8
143	0	7	1	7	193	2	4	2	8
144	0	5	1	7	194	1	6	2	9
145	0	9	1	7	195	1	6	2	9
146	1	6	1	7	196	1	7	2	9
147	1	5	1	7	197	2	5	2	9
148	1	6	1	7	198	2	4	2	10
149	0	5	1	7	199	0	6	2	10
150	2	5	1	7	200	0	7	2	10
	Min	Max	Min	Max		Min	Max	Min	Max
	chrologisch		aufst.geordn.			aufst.geordn.		aufst.geordn.	

h   0.3   3.06   Mittelwerte je 37 Coups

Wir bringen nun noch eine Tabelle nach der vereinfachten Berechnung der BIN-Formel für die so genannte Dreiertransversale. Obwohl sie nur 12 Chancenteile umfasst, müssen wir wegen der "Bankzahl" Zero mir einer 3/37 – Chance rechnen. Wir lesen folgende solitären E-Werte für die einzelnen Häufigkeiten ab:

0.54 Teile bzw. Tp	0 mal, dh. gar nicht erscheinen,	
genau 1.76 Teile bzw. Tp	1 mal erscheinen	
genau 2.80 Tp	2 mal	"
genau 2.88 Tp	3 mal	"
genau 2.16 Tp	4 mal	"
genau 1.26 Tp	5 mal	"
genau 0.59 Tp	6 mal	"

Auch hier brauchen wir wieder die Errechnung der soziablen Werte, mit denen man in der Praxis etwas anfangen kann:

Zieht man von der vollen Ereignismenge 12 die 0.5399 nicht erschienenen Chancenteile ab, so verbleiben *i n s g e s a m t* 11.4601 Teile oder Tp, die innerhalb 37 Coups (mindestens) einmal erschienen sind. Man kann daher sagen:

1.7627 Tp sind *genau* 1 mal erschienen (solitär), aber
11.4601 Tp sind *mindestens* 1 mal erschienen (soziabel)

Zieht man von den mindestens einmal erschienenen Tp die Anzahl der genau 1 mal erschienenen Tp ab, (11.4601 – 1.7627). so erhält man (soziabel) 9.6974 Transversalen (Tp), die mindestens 2 mal erschienen sind bzw. erscheinen werden. Und so immer weiter ...

Damit sollte das Prinzip der Kettensubtraktion klar sein. Erst auf diese Weise erhalten wir realistische Werte, mit denen man hantieren kann. Am meisten interessiert uns dabei immer die Größe für den häufigsten Wert, in diesem Falle der "Sechser". Aufgrund der gesetzlichen Ungleichverteilung gibt es fast immer einen Favoriten, gelegentlich aber auch zwei von gleicher Häufigkeit, was dann zu entsprechendem Abwarten der Entwicklung raten würde.

Wie wir ablesen, erscheinen 0.605 Transversalen (Tp) gar nicht. Diesen Wert darf man auf 1 aufrunden, weil als seltenste Tp öfter mindestens 1 als gar keine erscheint.

Die vereinfachte Berechnung der unterschiedlichen Häufigkeitsverteilung von Zufällen

nach der Binomialformel

Roulett-Beispiel: die 12 Dreier-Transversalen (Tp)

						Woitschach		Woitschach	Haller		Haller	
								m a t h e m a t i s c h			**e m p i r i s c h**	
Formel:	E sol. = q ^ n * (p / q) * (n / h) * (37/m)									Anzahl Teile	Häufigkeiten empirisch
						Wahrschein-		Anzahl Teile	Anzahl Teile	Teile	Min / Max
						lichkeit		genau	mindestens	mind.	durchschn.
Für Tp = 3/37	W für alle möglichen Trefferhäufigkeiten						("solitär")	("soziabel")	soz	
	in 37 Versuchen (Würfen)									ganzzahlig gerundet	
q ^ n	*	p / q	*	n	/h	p oder w	h	(37/3)	12	h	h	h
						0.04378	0	0.5399289	**0.5399**	0		
0.043778	*	0.088	*	37	1 =	0.14292	1	1.7627092	11.4601	1	12	1	0.605
0.142922	*	0.088	*	36	2 =	0.22699	2	2.7995970	9.6974	2		
0.226994	*	0.088	*	35	3 =	0.23367	3	2.8819381	6.8978	3		
0.233671	*	0.088	*	34	4 =	0.17525	4	2.1614535	4.0158	4		
0.175253	*	0.088	*	33	5 =	0.10206	5	1.2587288	1.8544	5		
0.102059	*	0.088	*	32	6 =	0.04803	6	0.5923430	**0.5956**	6	1	6	6.075
0.048028	*	0.088	*	31	7 =	0.01877	7	0.2314618	0.0033	7		
0.018767	*	0.088	*	30	8 =	0.00621	8					
0.00621	*	0.088	*	29	9 =	0.00177	9	(E-Werte)	(E-Werte)			
0.001766	*	0.088	*	28	10 =	0.00044	10					
0.000436	*	0.088	*	27	11 =	9.4E-05	11					
9.45E-05	*	0.088	*	26	12	1.8E-05	12					
1.81E-05	*	0.088	*	25	13	3.1E-06	13					
3.06E-06	*	0.088	*	24	14	4.6E-07	14					
4.64E-07	*	0.088	*	23	15	6.3E-08	15					
6.27E-08	*	0.088	*	22	16	7.6E-09	16					
7.61E-09	*	0.088	*	21	17	8.3E-10	17					
8.29E-10	*	0.088	*	20	18	8.1E-11	18					
8.13E-11	*	0.088	*	19	19	7.2E-12	19					
7.17E-12	*	0.088	*	18	20	5.7E-13	20					
5.7E-13	*	0.088	*	17	21	4.1E-14	21					
4.07E-14	*	0.088	*	16	22	2.6E-15	22					
2.61E-15	*	0.088	*	15	23	1.5E-16	23					
1.5E-16	*	0.088	*	14	24	7.7E-18	24					
7.73E-18	*	0.088	*	13	25	3.5E-19	25					
3.55E-19	*	0.088	*	12	26	1.4E-20	26					
1.45E-20	*	0.088	*	11	27	5.2E-22	27					
5.2E-22	*	0.088	*	10	28	1.6E-23	28					
1.64E-23	*	0.088	*	9	29	4.5E-25	29					
4.48E-25	*	0.088	*	8	30	1.1E-26	30					
1.05E-26	*	0.088	*	7	31	2.1E-28	31	**Abkürzungen:**				
2.1E-28	*	0.088	*	6	32	3.5E-30	32					
3.48E-30	*	0.088	*	5	33	4.6E-32	33	p =	Treffer-Wahrscheinlichkeit			
4.65E-32	*	0.088	*	4	34	4.8E-34	34	q = 1-p	Nichttreffer-Wahrscheinlichkeit			
4.83E-34	*	0.088	*	3	35	3.6E-36	35	n =	Anzahl der Versuche = Würfe			
3.65E-36	*	0.088	*	2	36	1.8E-38	36	h =	Häufigkeit des Erscheinens (Treffens)			
1.79E-38	*	0.088	*	1	37	4.3E-41	37	E =	Erwartungswert			
						1.000000						
q ^ n	*	p / q	*	n	/h	w	h					

Die übrigen Tp mit der h 2 bis h 5 brauchen uns hier nicht zu interessieren, weil man eine besondere Strategie verfolgen kann, die sich auf die maximalen *positiven* Abweichungen der Häufigkeitsverteilung bezieht, eben auf die so genannten "Favoriten". In mehr als der Hälfte der Fälle gibt es die Häufigkeit 6, dh. einen "Sechser". Der empirische gerundete E-Wert beträgt für h 6 ebenfalls = 1, denn diese Häufigkeit 6 wird in mehr als der Hälfte aller Fälle erreicht.

.

Die Übereinstimmung von Empirie und Theorie ist augenfällig, dh. die statistischen und die errechneten Werte sind nahezu deckungsgleich !

Für eine praktische Wette gegen des Zufall macht also nur die Verfolgung der Spitzenreiter (Favoriten) einen Sinn, die sich im allgemeinen, weil naturgemäß, schon vor dem 37.Coup zu erkennen geben werden. So gibt es zB. im 11. Coup # schon einen "Dreier".

BIN - Verteilung in tabellarischer Form

Nach Darstellung der Formelberechnung, die jeweils immer nur für eine ganz bestimmte Länge von n Coups eine Aussage ermöglicht, stellt sich die Frage nach einer tabellarischen Ausgabe aller solitären, vor allem aber der soziablen Werte für jede beliebige Anzahl von Coups. Eine solche nach n normierte Tabelle wurde von meinem Partner Günter Bloßfeld schon in den 70er Jahren entwickelt. Sie wurde später für eine neue Computer- Generation von meinem Forschungspartner Gustav Harm fortentwickelt und schließlich 1994 von dem Kanadier David Vincent-Jones für mein *ROULETT –LEXIKON* ein drittes Mal programmiert.

Alle diese Tabellen eignen sich zur Ausgabe der durchschnittlichen Häufigkeitsverteilung jeder beliebigen Chancengröße für alle praktisch vorkommenden Längen. Sie sind außerdem unterteilt in *solitäre* und *soziable* Werte, denn letztere werden bekanntlich aus den erstgenannten errechnet. Wir ersparen es uns aber, die nur theoretisch bedeutsamen solitären Werte auszugeben und begnügen uns mit einer Tabelle der praktisch verwendbaren s o z i a b l e n Häufigkleiten, die bekanntlich als Erwartungswerte (= Anzahl Zahlen bzw. Chancenteile) anzusehen sind.

Wir benutzen auch hierzu das Roulett-Modell der "Dreiertransversale" (m=3) , weil die Pleinchance (m=1) größere Ausmaße annimmt und von uns später ausführlicher betrachtet werden soll.

Daran anschliessend kommen wir zu einer noch weit einprägsameren tabellarischen Darstellung der unterschiedlichen Häufigkeitsverteilung, die wir in einem besonderen Kapitel erörtern wollen.

n	0	1	2	3	4	5	6	7	8	9
1	11.333	1.000								
2	10.414	1.919	0.081							
3	9.570	2.763	0.230	0.007						
4	8.794	3.539	0.435	0.025	0.001					
5	8.081	4.252	0.687	0.058	0.002					
6	7.426	4.908	0.976	0.109	0.007					
7	6.824	5.510	1.295	0.179	0.015	0.001				
8	6.270	6.063	1.637	0.270	0.029	0.002				
9	5.762	6.571	1.996	0.381	0.048	0.004				
10	5.295	7.038	2.367	0.512	0.075	0.008	0.001			
11	4.866	7.468	2.745	0.662	0.110	0.013	0.001			
12	4.471	7.862	3.128	0.831	0.155	0.021	0.002			
13	4.109	8.225	3.512	1.017	0.210	0.032	0.004			
14	3.775	8.558	3.894	1.219	0.275	0.046	0.006	0.001		
15	3.469	8.864	4.272	1.436	0.352	0.065	0.009	0.001		
16	3.188	9.145	4.645	1.668	0.440	0.088	0.014	0.002		
17	2.929	9.404	5.010	1.908	0.539	0.117	0.020	0.003		
18	2.692	9.641	5.366	2.159	0.650	0.151	0.028	0.004		
19	2.474	9.860	5.713	2.419	0.773	0.191	0.038	0.006	0.001	
20	2.273	10.060	6.049	2.686	0.906	0.239	0.050	0.009	0.001	
21	2.089	10.245	6.374	2.959	1.050	0.293	0.065	0.012	0.002	
22	1.919	10.414	6.688	3.236	1.205	0.354	0.084	0.016	0.003	
23	1.764	10.570	6.990	3.516	1.370	0.423	0.106	0.022	0.004	0.001
24	1.621	10.713	7.280	3.797	1.544	0.500	0.131	0.029	0.005	0.001
25	1.489	10.844	7.559	4.080	1.727	0.585	0.161	0.037	0.007	0.001
26	1.369	10.965	7.825	4.362	1.917	0.677	0.196	0.047	0.009	0.002
27	1.258	11.076	8.079	4.643	2.116	0.778	0.235	0.059	0.013	0.002
28	1.156	11.178	8.322	4.921	2.320	0.886	0.279	0.073	0.016	0.003
29	1.062	11.271	8.554	5.197	2.531	1.002	0.328	0.090	0.021	0.004
30	0.976	11.357	8.774	5.469	2.747	1.126	0.383	0.109	0.027	0.006
31	0.897	11.437	8.984	5.737	2.968	1.258	0.443	0.131	0.033	0.007
32	0.824	11.509	9.183	6.000	3.193	1.397	0.509	0.157	0.041	0.009
33	0.757	11.576	9.371	6.258	3.420	1.542	0.581	0.185	0.051	0.012
34	0.696	11.638	9.550	6.511	3.650	1.694	0.659	0.217	0.061	0.015
35	0.639	11.694	9.719	6.757	3.882	1.853	0.743	0.253	0.074	0.019
36	0.588	11.746	9.879	6.997	4.115	2.018	0.833	0.293	0.089	0.023
37	0.540	11.793	10.031	7.231	4.349	2.188	0.929	0.337	0.105	0.029
38	0.496	11.837	10.174	7.458	4.583	2.363	1.031	0.385	0.124	0.035
39	0.456	11.877	10.309	7.678	4.816	2.543	1.139	0.437	0.145	0.042
40	0.419	11.914	10.436	7.892	5.048	2.727	1.253	0.494	0.169	0.050
41	0.385	11.948	10.556	8.098	5.279	2.915	1.372	0.556	0.195	0.060
42	0.354	11.980	10.669	8.297	5.507	3.107	1.498	0.622	0.224	0.071
43	0.325	12.008	10.775	8.489	5.733	3.302	1.628	0.693	0.257	0.083
44	0.299	12.035	10.875	8.675	5.957	3.499	1.764	0.769	0.292	0.097
45	0.275	12.059	10.969	8.853	6.177	3.698	1.904	0.849	0.331	0.113
46	0.252	12.081	11.057	9.025	6.394	3.899	2.050	0.935	0.373	0.131
47	0.232	12.102	11.140	9.189	6.607	4.101	2.200	1.025	0.418	0.150
48	0.213	12.120	11.218	9.348	6.817	4.305	2.354	1.120	0.467	0.172
49	0.196	12.138	11.291	9.499	7.022	4.508	2.512	1.220	0.520	0.196
50	0.180	12.153	11.360	9.645	7.223	4.712	2.674	1.325	0.577	0.222
n	0	1	2	3	4	5	6	7	8	9

Die anschauliche Darstellung der BIN-Verteilung am Roulett-Modell

Die analog-digitale Darstellung

Die digitale Wiedergabe der einzelnen Erwartungswerte (E) in unterschiedlichen h-Spalten, normiert nach n Coups, gibt noch keine sehr klare Auskunft über die Verhältnisse, zumal alle Werte mit 3 Stellen hinter dem Komma versehen sind.

Wir haben deshalb noch ein weiteres Computerprogramm zur Ermittlung der durchschnittlichen Erscheinungsfrequenz der unterschiedlichen Häufigkeiten innerhalb einer Chancenart entwickelt. Mit diesem Programm, über das ich nun schon in der "dritten Pc-Generation" verfüge, lassen sich alle solitären, aber auch alle soziablen Werte tabellenmäßig auflisten, und zwar ganzzahlig gerundet oder auch mit mehreren Dezimalstellen.

Durch diese aufgelistete Form wird es möglich, die Erwartunsgwerte innerhalb der einzelnen Häufigkeitsspalten so anzugeben, dass eine so genannte "analog-digitale" Darstellung entsteht. Mein ROULETT-LEXIKON enthält diese Tabellen in ausführlicher Form für alle konventionellen Chancen des Rouletts.

Grundsätzlich sind wir dabei an einer Wiedergabe der *durchschnittlichen* Treffer-W interessiert, dh. an den Werten für eine W von 50 %. Denn auch E-Werte haben ihrerseits wieder ihre unterschiedlichen Wahrscheinlichkeiten. Es handelt sich hierbei um die so genannte "Zutreff-Wahrscheinlichkeit (Zw), die ein ganz bestimmtes mathematisches Verhältnis zum (dezimal gebrochenen) E-Wert einnimmt.

Für eine durchschnittliche, dh. 50 %-ige Zutreff-W - von meinem früheren Forschungspartner Gustav Harm auch "Halbwertzeit" (T/2) genannt - gilt für "Plein" die Formel:

$$T/2 = \log(0.5) / \log(36/37) = 25.3$$
der E-Wert für T/2 ist folglich 25.3 / 37 = 0.684

n	0	1	2	3	4	5	6	7	8	9
1	11.333	1.000								
2	10.414	1.919	0.081							
3	9.570	2.763	0.230	0.007						
4	8.794	3.539	0.435	0.025	0.001					
5	8.081	4.252	0.687	0.058	0.002					
6	7.426	4.908	0.976	0.109	0.007					
7	6.824	5.510	1.295	0.179	0.015	0.001				
8	6.270	6.063	1.637	0.270	0.029	0.002				
9	5.762	6.571	1.996	0.381	0.048	0.004				
10	5.295	7.038	2.367	0.512	0.075	0.008	0.001			
11	4.866	7.468	2.745	0.662	0.110	0.013	0.001			
12	4.471	7.862	3.128	0.831	0.155	0.021	0.002			
13	4.109	8.225	3.512	1.017	0.210	0.032	0.004			
14	3.775	8.558	3.894	1.219	0.275	0.046	0.006	0.001		
15	3.469	8.864	4.272	1.436	0.352	0.065	0.009	0.001		
16	3.188	9.145	4.645	1.666	0.440	0.088	0.014	0.002		
17	2.929	9.404	5.010	1.908	0.539	0.117	0.020	0.003		
18	2.692	9.641	5.366	2.159	0.650	0.151	0.028	0.004		
19	2.474	9.860	5.713	2.419	0.773	0.191	0.038	0.006	0.001	
20	2.273	10.060	6.049	2.686	0.906	0.239	0.050	0.009	0.001	
21	2.089	10.245	6.374	2.959	1.050	0.293	0.065	0.012	0.002	
22	1.919	10.414	6.688	3.236	1.205	0.354	0.084	0.016	0.003	
23	1.764	10.570	6.990	3.516	1.370	0.423	0.106	0.022	0.004	0.001
24	1.621	10.713	7.280	3.797	1.544	0.500	0.131	0.029	0.005	0.001
25	1.489	10.844	7.559	4.080	1.727	0.585	0.161	0.037	0.007	0.001
26	1.389	10.965	7.825	4.362	1.917	0.677	0.196	0.047	0.009	0.002
27	1.258	11.076	8.079	4.643	2.116	0.778	0.235	0.059	0.013	0.002
28	1.156	11.178	8.322	4.921	2.320	0.886	0.279	0.073	0.016	0.003
29	1.062	11.271	8.554	5.197	2.531	1.002	0.328	0.090	0.021	0.004
30	0.976	11.357	8.774	5.469	2.747	1.126	0.383	0.109	0.027	0.006
31	0.897	11.437	8.984	5.737	2.968	1.258	0.443	0.131	0.033	0.007
32	0.824	11.509	9.183	6.000	3.193	1.397	0.509	0.157	0.041	0.009
33	0.757	11.576	9.371	6.258	3.420	1.542	0.581	0.185	0.051	0.012
34	0.696	11.638	9.550	6.511	3.650	1.694	0.659	0.217	0.061	0.015
35	0.639	11.694	9.719	6.757	3.882	1.853	0.743	0.253	0.074	0.019
36	0.588	11.746	9.879	6.997	4.115	2.018	0.833	0.293	0.089	0.023
37	0.540	11.793	10.031	7.231	4.349	2.188	0.929	0.337	0.105	0.029
38	0.496	11.837	10.174	7.458	4.583	2.363	1.031	0.385	0.124	0.035
39	0.456	11.877	10.309	7.678	4.816	2.543	1.139	0.437	0.145	0.042
40	0.419	11.914	10.436	7.892	5.048	2.727	1.253	0.494	0.169	0.050
41	0.385	11.948	10.556	8.098	5.279	2.915	1.372	0.556	0.195	0.060
42	0.354	11.980	10.669	8.297	5.507	3.107	1.498	0.622	0.224	0.071
43	0.325	12.008	10.775	8.489	5.733	3.302	1.628	0.693	0.257	0.083
44	0.299	12.035	10.875	8.675	5.957	3.499	1.764	0.769	0.292	0.097
45	0.275	12.059	10.969	8.853	6.177	3.698	1.904	0.849	0.331	0.113
46	0.252	12.081	11.057	9.025	6.394	3.899	2.050	0.935	0.373	0.131
47	0.232	12.102	11.140	9.189	6.607	4.101	2.200	1.025	0.418	0.150
48	0.213	12.120	11.218	9.348	6.817	4.305	2.354	1.120	0.467	0.172
49	0.196	12.138	11.291	9.499	7.022	4.508	2.512	1.220	0.520	0.196
50	0.180	12.153	11.360	9.645	7.223	4.712	2.674	1.325	0.577	0.222
n	0	1	2	3	4	5	6	7	8	9

Für die Dreiertransversale (Tp) gilt entsprechend:

$$T/2 = \log(0.5) / \log(34/37) = 8.20$$
der E-Wert für T/2 ist folglich 8.2 /(37*3) = 0.665

Bis zu diesem jeweiligen E-Wert trifft es also in der Hälfte der Fälle zu, dass der entsprechende h-Wert erreicht wird. Man bedenke: bei E = 1.000 wird erst eine 2/3 Zw erreicht. Wir wissen ja bereits aus der Exponentialverteilung, dass bis zum 37. Coup für Plein (E = 1) erst ca. 2/3 aller Zahlen herauskommen, genau 63.71 % bzw. 23.57 verschiedene Zahlen. .

In unserer BIN-Tabelle der Transversale pleine (Tp) finden wir also überall dort eine 50%-ige Zw, wo der Wert z.665 am nächsten erreicht wird, bei

0.665	soviel wie	1	Chancenteil(e)
1.665		2	„
2.665		3	„
3.665		4	„ usw.

Diese Näherungswerte haben wir zum leichteren Erkennen eingerahmt.

Beispiel:
der 6. Zweier der Tp erscheint in 50 % der Fälle bis zum 19.Coup, der erste 1. Sechser bis zum 34. Coup, der 3. Sechser der Tp bis zum 50. Coup.

Es liegt jetzt nahe, die Tabelle der ungleichen Häufigkeitsverteilung so zu gestalten, dass nur die einzelnen Stationen des durchschnittlichen Erscheinens der verschiedenen Chancenteile je h-Spalte als gerundete Werte hervorgehoben werden. Diese Form der Wiedergabe nenne ich "analog- digitale" Darstellung der binomialen Häufigkeitsverteilung. Jetzt erkennt man die Entwicklung der zurückbleibenden und vorauseilenden Teile (Tp) auf einen Blick. Aber mit einer solchen augenfälligen Aufschlüsselung der einzelnen h-Werte hat sich nach meiner Erfahrung bisher kein einziger Mathematiker anfreunden können.

n	0	1	2	3	4	5	6	7	8	9
1	11	1								
2	10	2								
3	9	3								
4	8	4								
5			1							
6	7	5								
7		6								
8	6		2							
9		7								
10	5									
11			3	1						
12	4	8								
13			4							
14		9								
15	3									
16			5	2						
17										
18	2	10			1					
19			6							
20				3						
21										
22			7							
23										
24	1	11		4						
25					2					
26			8			1				
27				5						
28										
29										
30			9		3					
31				6						
32										
33										
34					4	2	1			
35		12	10	7						
36										
37										
38					5					
39				8						
40						3				
41										
42			11							
43					6		2	1		
44				9						
45						4				
46										
47					7					
48										
49										
50				10		5	3			
n	0	1	2	3	4	5	6	7	8	9

Dagegen erkennen aufgeschlossene Roulettspieler in dieser neuen mathematischen Aufbereitung einen großen Informationsgewinn. Denn nun lässt sich die Entwicklung des jeweiligen Zufallsgeschehens mit annähernder Genauigkeit voraussehen.

Die Idee zu dieser Form der Darstellung der ungleichen Häufigkeitsverteilung verdanke ich dem französischen Roulettforscher Billedivoire, der in den zwanziger Jahren des vergangenen Jahrhunderts sich der Mühe unterzog, die Häufigkeitsentwicklung der 37 Nummern des Rouletts in 1000 Abschnitten je 111 Coups auf empirischem Wege zu ermitteln.

Prüft man sämtliche vorkommenden Mehrfachtreffer, dann erzielt man als Durchschnitt zwangsläufig die schon erwähnte 2/3 - Zutreff-W. Daher liegen alle h-Werte hier s p ä t e r im Gegensatz zu den errechneten arithmetischen Mittelwerten, die einer Zw von 50 % entsprechen.

Die durchschnittliche Häufigkeitsverteilung der 37 Nummern (empirisch)

in Coups	1 x	2 x	3 x	4 x
1				
2				
3				
4				
5				
6				
7				
8				
9				
10				
11				
12		1		
13				
14				
15		2		
16				
17				
18		3		
19				
20				
21	16	4		
22				
23	17			
24		5		
25	18		1	
26				
27	19	6		
28				
29	20			
30		7		
31	21		2	
32				
33		8		
34	22			
35				
36		9		
37	23		3	
38		10		
39	24			1
40				
41		11		
42	25		4	
43				
44		12		
45				
46	26			
47		13	5	
48				
49	27			
50		14		2
51				
52		15	6	
53	28			
54				
55				
56		16	7	

in Coups	1 x	2 x	3 x	4 x	5 x	6 x	7 x
57	29						
58							
59		17					
60			8				
61				3			
62	30	18			1		
63			9				
64							
65		19					
66							
67			10				
68		20		4			
69	31						
70							
71		21	11				
72							
73							
74	32			5	2		
75		22	12				
76							
77							
78							
79		23	13	6			
80							
81							
82	33						
83			14		3	1	
84		24		7			
85							
86							
87			15				
88							
89				8			
90			16				
91		25			4		
92							
93				9			
94			17				
95	34						
96		26					
97						2	
98			18	10	5		
99							
100		27					
101							
102							
103			19	11			
104							1
105					6		
106		28					
107			20				
108				12		3	
109							
110							
111	35						

113

Damit kehren wir zurück zur *analog-digitalen* Darstellung der Häufigkeitsverteilung des Modells "Roulett", dh. der 37 Nummern, mithin zur so genannten Plein-Chance.

Wir können uns jetzt ersparen, erneut auf die Grundlage der errechneten Binomialwerte für alle in Betracht kommenden Häufigkeiten zurückzugreifen und geben zunächst eine solche Tabelle für die 1/37-Chance wieder.

Anschließend folgen die Tabellen für alle übrigen konventionellen Chancen des Rouletts, endend bei der 12/37 – Chance, die für das so genannte Dutzend bzw. die gleich große Kolonnen-Chance steht.

Anal/dig 1	1 / 37	soziable BIN-Werte	50 % Zw						
	1	2	3	4	5	6	7	8	9	10
1	1									
2	2									
3	3									
4	4									
5	5									
6										
7	6	1								
8	7									
9	8									
10	9									
11										
12	10									
13	11	2								
14	12									
15										
16	13									
17	14	3								
18										
19	15									
20		4								
21	16		1							
22	17									
23		5								
24	18									
25										
26	19	6								
27										
28	20									
29		7								
30	21		2							
31										
32		8								
33	22									
34		9								
35	23									
36			3							
37		10		1						
38	24									
39										
40		11								
41	25		4							
42										
43		12								
44	26									
45		13								
46			5							
47	27									
48		14								
49										
50			6	2						

	1	2	3	4	5	6	7	8	9	10
51	28	15								
52										
53										
54		16								
55	29		7							
56					1					
57		17								
58			8	3						
59	30									
60		18								
61										
62			9							
63		19								
64										
65	31			4						
66		20	10							
67										
68										
69		21								
70			11							
71	32			5						
72					2					
73		22	12							
74										
75										
76	32	23								
77				6		1				
78										
79	33									
80		24								
81			14							
82				7	3					
83										
84		25	15							
85										
86										
87				8						
88	34		16							
89		26								
90										
91					4					
92			17	9						
93										
94		27								
95						2				
96			18	10						
97										
98					5		1			
99		28								
100			19							

	1	2	3	4	5	6	7	8	9	10
101	35			11						
102										
103										
104		29	20							
105				12	6					
106										
107										
108			21			3				
109										
110				13						
111		30			7					
112			22							
113										
114				14						
115										
116										
117			23		8	4				
118		31		15						
119										
120							2			
121								1		
122			24		9					
123				16						
124										
125										
126		32				5				
127			25	17						
128					10					
129										
130										
131										
132	36		26	18						
133					11	6				
134							3			
135		33								
136										
137				19						
138			27		12					
139										
140						7				
141				20						
142										
143					13					
144			28							
145							4		1	
146				21				2		
147		34				8				
148					14					
149			28							
150										

	2	3	4	5	6	7	8	9	10	11	12
151		29	22								
152											
153				15							
154						5					
155											
156											
157			23								
158		30		16							
159					10						
160											
161							3				
162			24								
163	35			17		6					
164											
165					11						
166		31									
167											
168			25	18							
169									1		
170											
171					12	7					
172								2			
173							4				
174			26	19							
175											
176		32									
177					13						
178						8					
179				20							
180											
181			27								
182					14						
183							5				
184											
185				21		9					
186											
187		33									
188			28		15						
189	36							3			
190				22							
191											
192						10					
193							6				
194					16						
195			29							1	
196				23							
197											
198						11					
199					17				2		
200						11					

Anal/dig	1 / 37		soziable Werte			50 % Zw						
	3	4	5	6	7	8	9	10	11	12	13	14
201	34					7						
202			24				4					
203												
204		30			12							
205				18								
206												
207												
208												
209			25			8						
210												
211				19	13 z							
212												
213		31					5					
214												
215												
216			26									
217				20	14	9		3				
218												
219	35											
220												
221												
222										1		
223			27	21	15		6					
224		32				10						
225												
226									2			
227												
228												
229				22	16							
230												
231			28			11		4				
232												
233							7					
234												
235					17							
236		33		23								
237												
238						12						
239			29									
240												
241					18		8					
242			24									
243								5				
244	36											
245						13						
246									3			
247											1	
248			30		19							
249				25			9					
250												

119

1 / 37 soziable Werte 50 % Zw

	4	5	6	7	8	9	10	11	12	13	14	15
251	34				14							
252												
253												
254				20			6		2			
255												
256												
257			26			10						
258		31			15							
259												
260												
261				21				4				
262												
263												
264			27				7					
265					16	11						
266												
267				22								
268												
269												
270		32										
271					17							
272	35					12						
273			28				8					
274				23				5	3		1	
275												
276												
277												
278					18							
279						13						
280												
281												
282			29	24			9			2		
283												
284		33										
285					19			6				
286						14						
287												
288												
289				25								
290							10					
291									4			
292			30		20							
293						15						
294												
295												
296								7				
297				26								
298							11					
299					21							
300		34										

Anal/dig	6	7	8	9	10	11	12	13	14	15	16	17
301										1		
302												
303												
304								3				
305												
306		27	22				5					
307					12	8						
308				17								
309												
310												
311									2			
312												
313			23									
314	32											
315		28			13	9						
316				18								
317							6					
318												
319												
320												
321			24		14			4				
322				19								
323												
324		29				10						
325												
326												
327												
328	33						7				1	
329			25	20								
330												
331												
332						11						
333												
334									3			
335												
336		30			16			5				
337				21						2		
338			26				8					
339												
340						12						
341												
342												
343												
344												
345				22								
346	34				17							
347		31	27									
348							9					
349						13		6				
350												

	1	2	3	4	5	6	7	8	9	10	11	12
1	1											
2	2											
3	3											
4	4											
5												
6	5	1										
7	6											
8												
9	7											
10	8	2										
11												
12	9											
13		3										
14	10		1									
15												
16	11	4										
17												
18	12	5										
19												
20			2									
21	13	6										
22												
23												
24		7		1								
25	14		3									
26		8										
27												
28												
29	15	9	4									
30												
31												
32		10		2								
33			5									
34	16				1							
35												
36		11	6									
37				3								
38												
39		12										
40			7									
41												
42	17											
43				4								
44		13	8									
45					2							
46						1						
47			9									
48		14		5								
49												
50												

4 / 37   soziable Werte

	1	2	3	4	5	6	7	8	9	10	11	12
1	1											
2	2											
3	3											
4												
5	4	1										
6												
7	5											
8		2										
9	6											
10		3	1									
11												
12	7											
13		4										
14			2									
15				1								
16	8	5										
17												
18			3									
19		6										
20												
21			4	2								
22					1							
23		7										
24	9											
25			5									
26				3								
27												
28					2	1						
29		8	6									
30				4								
31												
32												
33												
34			7	5	3							
35							1					
36						2						
37												
38					4							
39		9		6								
40												
41			8					1				
42						3						
43					5		2					
44												
45				7								
46												
47						4						
48									1			
49					6							
50							3					

	1	2	3	4	5	6	7	8	9	10	11	12
1	1											
2	2											
3	3											
4		1										
5	4											
6												
7	5	2	1									
8												
9												
10	6	3										
11												
12		4	2									
13				1								
14												
15												
16	7	5	3									
17												
18				2	1							
19												
20		6	4									
21												
22				3								
23												
24			5			1						
25												
26												
27		7		4								
28							1					
29			6		3							
30						2						
31												
32				5								
33												
34					4							
35												
36						3		1				
37			7	6			2					
38												
39					5							
40												
41						4			1			
42												
43							3					
44								2				
45												
46					6							
47						5				1		
48				7								
49							4					
50								3	2			

6 / 37 soziable BIN-Werte

	1	2	3	4	5	6	7	8	9	10	11	12
1	1											
2	2											
3												
4	3	1										
5												
6	4											
7		2	0									
8	5		1									
9		3	0									
10												
11												
12		4	2	1								
13												
14	6											
15			3									
16		5			1							
17				2								
18												
19			4									
20												
21				3		1						
22					2							
23												
24		6	5									
25				4								
26							1					
27					3	2						
28												
29												
30												
31				5				1				
32					4							
33			6			3	2					
34												
35												
36									1			
37												
38					5	4	3	2				
39												
40										1		
41				6								
42												
43												
44							4	3	2			
45						5						
46											1	
47												
48												
49					6					2		
50												

12 / 37 soziable BIN-Werte

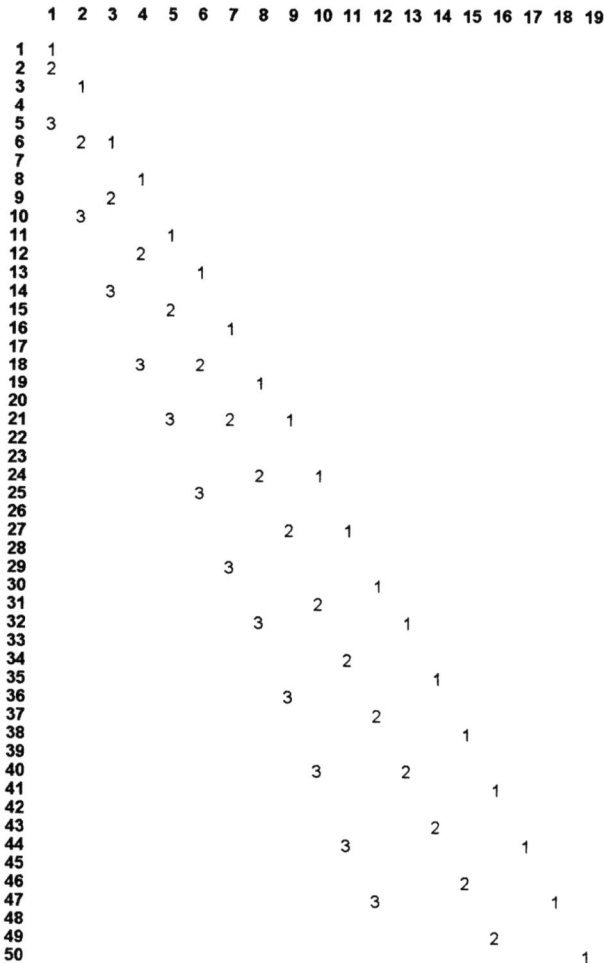

Der „BIN – Christbaum"

Wenn wir davon ausgehen, dass alle diese Berechnungen das Ziel haben, eine Möglichkeit der Überlistung des Zufalls zu finden, dann kann sich dies nur auf den Bereich des rechten Astes der Verteilungskurve, dh. auf eine „Favoritenbildung" beziehen. Diese Möglichkeit zeichnet sich schon jetzt in der analog-digitalen Darstellung deutlich ab. Man bedenke nur, dass bei der Verfolgung einer einzelnen Nummer nach 37 Coups in der Hälfte der Fälle bereits der erste 4er auftritt (der sich durchschnittlich aus einem der drei 3er bilden wird) – und im 56.Coup der erste 5er, der sich nur aus den vorher entstandenen zwei 4ern bilden kann. Die Einengung des Zufallsgeschehens auf wenige zu setzende Zahlen wird hier also schon ganz deutlich.

Wir haben hierzu eine noch einprägsamere Form der Darstellung gewählt, die sich lediglich auf die *überdurchschnittlich* oft erscheinenden Nummern bezieht: den von mir so genannten BIN-Christbaum. Das Prinzip ist leicht zu erkennen. Wir drehen einfach die Formationen des rechten Kurvenastes, der alle „Vorläufer" beinhaltet, um 90° und verteilen die einzelnen h-Kategorien symmetrisch um eine Mittelachse. Auf diese Weise entsteht aus der analog-digitalen Darstellung der h-Verteilung der 37 Nummern ein pyramidenähnliches Gebilde, das einem Christbaum sehr ähnlich sieht.

Natürlich braucht man für eine solche Darstellung wenigstens 10 Rotationen, also das durchschnittliche Pensum einer Tagespermanenz von 370 Coups, die auch in vielen Spielcasinos als einzelner Ausdruck erhältlich ist. In unserem Beispiel haben wir im oberen Baum nach BIN die Vertreter der einzelnen h-Kategorien mit x bezeichnet., um klar zu machen, dass wir im Voraus der abstrakten Betrachtung nie wissen können, mit welchen tatsächlichen Nummern die einzelnen h-Stufen besetzt werden. Denn darüber kann ja auch die BIN-Formel keinerlei Aussage machen. Genau dies ist ein Gegenargument der Mathematiker, die aus abstrakter Sicht behaupten, man würde ja die konkreten Nummern der einzelnen Favoriten niemals voraussagen können. Der Leser wird aber sehr bald merken, welchem Trugschluss diese Behauptung unterliegt.

Der untere Christbaum stellt nun dem allgemeinen binomialen Verteilungsmodell eine *empirische* Entwicklung gegenüber, wie sie sich am Beispiel der Permanenz Bad Homburg vom 16. März 1985 konkret nach genau 370 Coups aufgebaut hat:

Der BIN - "Christbaum" (soziabel)
Favoritenentwicklung nach 370 Coups

mathematisch

```
h
17                          x
16                       x  x
15                       x  x  x
14                    x  x  x  x  x
13                 x  x  x  x  x  x  x
12              x  x  x  x  x  x  x  x  x  x  x  x
11           x  x  x  x  x  x  x  x  x  x  x  x  x  x  x
10    #   x  x  x  x  x  x  x  x  x  x  x  x  x  x  x  x  x  x  x  x
Anz.Zahlen 1  2  3  4  5  6  7  8  9 10 11 12 13 14 15 16 17 18 19 20
```

empirisch

16. März 85 Bad Homburg

```
h
19                           14
18                        7  14
17                        7  14
16                        7  14
15                        7  14 32
14                     7  14 26 29 32 33
13                     7  14 25 26 29 32 33
12            5  7  8 13 14 19 22 24 25 29 32 33
11            5  6  7  8 13 14 16 17 19 22 24 25 29 32 33
10    #    2  4  5  6  7  8 10 11 13 14 16 17 19 22 24 25 29 32 33

Anz.Zahlen  1  2  3  4  5  6  7  8  9 10 11 12 13 14 15 16 17 18 19 20
```

Dieses Schaubild zeigt die durchschnittliche Häufigkeitsverteilung von 37 Zahlen nach 370 Coups, begrent auf alle Zahlen, die h ä u f i g e r als durchschnittlich erscheinen werden: oben berechnet nach der Binomialformel, unten an Hand einer Stichprobe der ebenso langen authentischen Permanenz von Bad Homburg vom 16.3.1985

Im Durchschnitt ergeben alle auth.Permanenzen der Länge 370 das gleiche Verteilungs-schema wie das hier wiedergegebene Beispiel der berechenbaren durchschnittlichen h-Verteilung nach BIN.

Die Mittelwerte aus 10 RND-Tests ergaben max 18 und min 3,5

128

Damit jeder Leser die hier vorliegende Verteilung nachprüfen kann, drucke ich auch die verwendete Permanenz Bad Homburg, 16.3.89 ab. In der äußersten rechten Spalte ist eine Zusammenstellung der Häufigkeiten aller Zahlen wiedergegeben, was die Kontrolle erleichtert.

Herausgezogen haben wir als "Basis" die mindestens 10 mal erschienenen Nummern, die also alle den genauen arithmetischen Durchschnitt von h = 10 erreicht haben. In der Zeile h 11 sind dann jene Nummern verzeichnet, die mindestens 11 mal erschienen sind usw. Das untere Schaubild zeigt also konkret alle Zahlen, die in der empirischen Stichprobe mindestens 10 mal und häufiger aufgetreten sind .

Im Prinzip zeigen alle authentischen Permanenzen, - gleichviel, ob aus physikalischer Quelle oder durch RANDOM generiert, bei einer Länge von 370 Coups die annähernd gleiche berechenbare Häufigkeitsverteilung.

*

Im letzten Abschnitt werden wir uns mit den plausiblen Schlussfolgerungen aus der *"Berechnung des Zufalls"* beschäftigen, auch wenn dieser Anspruch aus vermeintlich logischen Gründen für paradox gehalten wird.

Tagespermanenz vom 16. März 19. Bad Homburg

1		30		14	30	28	29		20		4
2		7	29		29	3	17			25	33
3		7		9	27	4	27			18	
4		14	24		7	16	36			14	11
5	26			27	23	20	27			16	6
6	29		13		33	35	6			25	33
7	20		4		30	32	22			19	
8		9	25		6	8	17			23	
9		14	33		11	33		25	33		
10	2		2		10	5	13			19	
11		21		27	1	34	32	17		17	
12		1	17		5	25	10	13		0	0
13		36		12	10	11	24			25	15
14		14	11		20	13	3	10		8	
15		3		19	33	10	5	4			16
16		18	26		7	2	16			12	8
17		18	13		31	14	34			16	13
18		3		12	14	7	23	35		28	
19		14	24		18	26	14	0	0	6	
20		1		1	31	18	6			16	9
21		5		6	19	26	29	4		13	
22	24			2	5	33	27			23	3
23		14	26		22	23	32			19	24
24	13			5	12	14	8			32	25
25		21		7	4	35	9			25	4
26	15			36	33	36	6			12	4
27	4		20		24	22	29			18	26
28		14		16	36	14	24	0	0	20	
29		16	2		28	5	13			7	35
30	29		2		7	24	26			21	8
31	33		26		14	24	9			9	29
32		7	11		30	22	19			25	7
33		16	0	0	17	5	31	30		2	
34	33		11		15	17	36			14	24
35	11		17		26	26	21			3	15
36		5	8		11	7	34	22		22	
37	13			34	24	14	10			1	29
38	29			7	26	24	22	26		33	
39	33			16	6	29	13	2			36
40	0	0		7	11		14	21	23		5
41		7	6		2	32	0	0	8		7
42	15	0	0		9	18		25	25	29	
43	31			36	18	7	1	17		21	
44	28			12	31	25	13	19		7	
45	31			6	15	17	15	26		5	
46		23		5	20	11	36	12	28		
47	15		22		3	30	28	20		32	
48		32	8		22	10	7	22		22	
49		21	26		27	8	12		19		14
50	20		17		22	25	35	23		9	
51		12	28		6	2	34	29	31		
52	8			18	1	19	4	33	35		
53	8			27	30	29	8		1		

Nr.	h
0	7
1	9
2	10
3	8
4	10
5	12
6	11
7	18
8	12
9	8
10	7
11	10
12	9
13	12
14	19
15	8
16	10
17	11
18	9
19	9
20	9
21	7
22	12
23	8
24	12
25	13
26	14
27	9
28	7
29	14
30	7
31	7
32	7
33	14
34	5
35	6
36	10
	370

Plausible Schlussfolgerungen

Trefferlängen aus geschlossener Ereignismenge

Fangen wir mit dem einfachsten mathematischsten Modell der durchschnittlichen Treffererwartung für die geschlossene Ereignismenge von 37 Zahlen an. Die hier wiedergegebene durchschnittliche Treffervorhersage mittels einer simplen Bruchrechnung könnte man fast als genial bezeichnen. Sie stammt von dem französischen Roulettforscher G. de Montreal aus einer Veröffentlichung der 20er Jahre des letzten Jahrhunderts.

Ein Vergleich mit den genauen E-Werten der BIN-Tabelle h 1 (soz.) ist nur mit Einschränkung möglich, weil jene Tabelle auf volle Werte für n Coups normiert ist, die hier als Dezimalbrüche wiedergegeben werden. Aber die durchschnittliche Couplänge für z Zahlen bezieht sich auch hier jeweils auf eine durchschnittliche Zutreff-W von 0.5 bzw. auf "die Hälfte der Fälle"

Vergleichstabelle für offene und erschienene Zahlen

nach G.de Montreal

noch offen Zahlen	erschienene Zahlen z	Weitere Coups notwendig natürl.Bruch	Dezimalbruch n sol.	neue Zahl fällig nach insges. Coups n soz.
37				
36	1	37 / 37	1.000	1.00
35	2	37 / 36	1.028	2.03
34	3	37 / 35	1.057	3.08
33	4	37 / 34	1.088	4.17
32	5	37 / 33	1.121	5.29
31	6	37 / 32	1.156	6.45
30	7	37 / 31	1.194	7.64
29	8	37 / 30	1.233	8.88
28	9	37 / 29	1.276	10.15
27	10	37 / 28	1.321	11.47
26	11	37 / 27	1.370	12.85
25	12	37 / 26	1.423	14.27
24	13	37 / 25	1.480	15.75
23	14	37 / 24	1.542	17.29
22	15	37 / 23	1.609	18.90
21	16	37 / 22	1.682	20.58
20	17	37 / 21	1.762	22.34
19	18	37 / 20	1.850	24.19
18	19	37 / 19	1.947	26.14
17	20	37 / 18	2.056	28.20
16	21	37 / 17	2.176	30.37
15	22	37 / 16	2.313	32.68
14	23	37 / 15	2.467	35.15
13	24	37 / 14	2.643	37.79
12	25	37 / 13	2.846	40.64
11	26	37 / 12	3.083	43.72
10	27	37 / 11	3.364	47.09
9	28	37 / 10	3.700	50.79
8	29	37 / 9	4.111	54.90
7	30	37 / 8	4.625	59.52
6	31	37 / 7	5.286	64.81
5	32	37 / 6	6.167	70.98
4	33	37 / 5	7.400	78.38
3	34	37 / 4	9.250	87.63
2	35	37 / 3	12.333	99.96
1	36	37 / 2	18.500	118.46
0	37	37 / 1	37.000	155.46

Ein Vergleich mit den genauen z-Werten der BIN-Tabelle h 1 (soz.) ist nur mit Einschränkung möglich, weil jene Tabelle auf volle Werte für n = Coups normiert ist, die hier als Dezimalbrüche wiedergegeben werden.
Die durchschnittliche Couplänge von z Zahlen bezieht sich jeweils auf eine Zutreff-W von 0.5 bzw. "in der Hälfte der Fälle".

Wann trifft erschienene Nummer wieder ?

Daß die Berechnung von Treffer-Wahrscheinlichkeiten nach der Exponentialverteilung schlüssig ist, lässt sich sehr deutlich durch eine empirische Statistik über fast 6 000 authentische Coups beweisen, in der gefragt wurde, wann jede im Permanenzverlauf erschienene Nummer das nächste Mal wiedererscheint? Sicherlich kann man diesen Umfang an Zufallsereignissen noch als relativ "kleine Zahl" bezeichnen, weshalb wir von einer "Stichprobe" sprechen. Es wurden 5 927 "Angriffe" geprüft, für die insgesamt 5 965 Coups (bis zum endgültigen Treffer) erforderlich waren.

In den äußersten rechten Spalten haben wir den empirischen Werten die mathematische Tw in % gegenübergestellt, wie sie sich mittels der Exponentialformel berechnen lässt. Die Übereinstimmung der jeweiligen soziablen Werte ist so deutlich, das sie keiner weiteren Erläuterung bedarf. Ein paar Stationen haben wir herausgezogen:

n	Ist %	Soll %
10	23.57	23.97
20	41.76	42.19
37	63.96	63.72
50	74.69	74.59
74	87.14	86.83
111	95.26	95.22
132	97.47	97.31
150	98.55	98.31
185	99.49	99.35
220	99.81	99.75

Nur ein einziges Mal bleibt eine (von uns nicht festgehaltene) Zahl innerhalb der 5965 geprüften Coups extrem lange aus: tatsächlich für 365 Coups. Das ist der bekannte"Ausreißer", der im Einzelfall niemals berechenbar ist.

n	h	empirisch % sol	% soz	mathem % soz	n	h	empirisch % sol	% soz	mathem % soz
1	145	2.4464316	2.446	2.703	51	40	0.674878	75.367	75.275
2	148	2.4970474	4.943	5.332	52	39	0.658006	76.025	75.943
3	143	2.4126877	7.356	7.891	53	46	0.776109	76.801	76.593
4	126	2.1258647	9.482	10.380	54	29	0.489286	77.290	77.226
5	147	2.4801755	11.962	12.803	55	32	0.539902	77.830	77.841
6	143	2.4126877	14.375	15.159	56	32	0.539902	78.370	78.440
7	140	2.3620719	16.737	17.452	57	38	0.641134	79.011	79.023
8	143	2.4126877	19.150	19.683	58	34	0.573646	79.585	79.590
9	138	2.328328	21.478	21.854	59	41	0.69175	80.277	80.142
10	124	2.0921208	23.570	23.966	60	33	0.556774	80.833	80.678
11	142	2.3958158	25.966	26.021	61	33	0.556774	81.390	81.200
12	125	2.1089927	28.075	28.020	62	23	0.388055	81.778	81.709
13	107	1.8052978	29.880	29.966	63	31	0.52303	82.301	82.203
14	91	1.5353467	31.416	31.859	64	31	0.52303	82.824	82.684
15	108	1.8221697	33.238	33.700	65	24	0.404927	83.229	83.152
16	104	1.754682	34.992	35.492	66	25	0.421799	83.651	83.607
17	109	1.8390417	36.831	37.236	67	21	0.354311	84.005	84.050
18	98	1.6534503	38.485	38.932	68	23	0.388055	84.393	84.481
19	106	1.7884258	40.273	40.582	69	33	0.556774	84.950	84.901
20	88	1.4847309	41.758	42.188	70	22	0.371183	85.321	85.309
21	105	1.7715539	43.530	43.751	71	25	0.421799	85.743	85.706
22	94	1.5859625	45.116	45.271	72	22	0.371183	86.114	86.092
23	99	1.6703223	46.786	46.750	73	26	0.43867	86.553	86.468
24	83	1.4003712	48.186	48.189	74	35	0.590518	87.144	86.834
25	91	1.5353467	49.722	49.590	75	14	0.236207	87.380	87.190
26	80	1.3497554	51.071	50.952	76	21	0.354311	87.734	87.536
27	70	1.1810359	52.252	52.278	77	18	0.303695	88.038	87.873
28	83	1.4003712	53.653	53.568	78	21	0.354311	88.392	88.201
29	80	1.3497554	55.003	54.822	79	14	0.236207	88.628	88.519
30	84	1.4172431	56.420	56.043	80	24	0.404927	89.033	88.830
31	72	1.2147798	57.635	57.231	81	19	0.320567	89.354	89.132
32	71	1.1979079	58.832	58.387	82	20	0.337439	89.691	89.425
33	48	0.8098532	59.642	59.512	83	14	0.236207	89.927	89.711
34	75	1.2653956	60.908	60.606	84	21	0.354311	90.282	89.989
35	57	0.9617007	61.869	61.671	85	15	0.253079	90.535	90.260
36	68	1.1472921	63.017	62.707	86	12	0.202463	90.737	90.523
37	56	0.9448287	63.962	63.715	87	17	0.286823	91.024	90.779
38	59	0.9954446	64.957	64.696	88	17	0.286823	91.311	91.028
39	57	0.9617007	65.919	65.650	89	16	0.269951	91.581	91.271
40	47	0.7929813	66.712	66.578	90	8	0.134976	91.716	91.507
41	67	1.1304201	67.842	67.481	91	18	0.303695	92.020	91.736
42	63	1.0629323	68.905	68.360	92	14	0.236207	92.256	91.960
43	44	0.7423654	69.647	69.215	93	7	0.118104	92.374	92.177
44	57	0.9617007	70.609	70.047	94	13	0.219335	92.593	92.388
45	53	0.8942129	71.503	70.857	95	19	0.320567	92.914	92.594
46	42	0.7086216	72.212	71.645	96	14	0.236207	93.150	92.794
47	39	0.6580057	72.870	72.411	97	11	0.185591	93.336	92.989
48	34	0.573646	73.444	73.157	98	8	0.134976	93.471	93.179
49	37	0.6242619	74.068	73.882	99	9	0.151847	93.622	93.363
50	37	0.6242619	74.692	74.588	100	12	0.202463	93.825	93.542

n	h	empirisch % sol	empirisch % soz	mathem % soz		n	h	empirisch % sol	empirisch % soz	mathem % soz
101	6	0.1012317	93.926	93.717		151	3	0.050616	98.600	98.403
102	6	0.1012317	94.027	93.887		152	2	0.033744	98.633	98.446
103	9	0.1518475	94.179	94.052		153	4	0.067488	98.701	98.488
104	10	0.1687194	94.348	94.213		154	1	0.016872	98.718	98.529
105	9	0.1518475	94.500	94.369		155	3	0.050616	98.768	98.569
106	8	0.1349755	94.635	94.521		156	5	0.08436	98.853	98.608
107	6	0.1012317	94.736	94.669		157	3	0.050616	98.903	98.645
108	8	0.1349755	94.871	94.813		158	3	0.050616	98.954	98.682
109	4	0.0674878	94.938	94.954		159	0		98.954	98.718
110	7	0.1181036	95.057	95.090		160	2	0.033744	98.988	98.752
111	12	0.2024633	95.259	95.223		161	1	0.016872	99.005	98.786
112	9	0.1518475	95.411	95.352		162	0		99.005	98.819
113	9	0.1518475	95.563	95.477		163	0		99.005	98.851
114	10	0.1687194	95.731	95.600		164	2	0.033744	99.038	98.882
115	6	0.1012317	95.833	95.719		165	5	0.08436	99.123	98.912
116	9	0.1518475	95.984	95.834		166	2	0.033744	99.156	98.941
117	8	0.1349755	96.119	95.947		167	1	0.016872	99.173	98.970
118	4	0.0674878	96.187	96.056		168	2	0.033744	99.207	98.998
119	3	0.0506158	96.238	96.163		169	2	0.033744	99.241	99.025
120	6	0.1012317	96.339	96.267		170	1	0.016872	99.258	99.051
121	14	0.2362072	96.575	96.368		171	2	0.033744	99.291	99.077
122	3	0.0506158	96.626	96.466		172	3	0.050616	99.342	99.102
123	7	0.1181036	96.744	96.561		173	0		99.342	99.126
124	6	0.1012317	96.845	96.654		174	0		99.342	99.150
125	5	0.0843597	96.929	96.745		175	1	0.016872	99.359	99.173
126	7	0.1181036	97.047	96.833		176	0		99.359	99.195
127	5	0.0843597	97.132	96.918		177	0		99.359	99.217
128	4	0.0674878	97.199	97.002		178	2	0.033744	99.393	99.238
129	5	0.0843597	97.284	97.083		179	1	0.016872	99.409	99.259
130	5	0.0843597	97.368	97.161		180	1	0.016872	99.426	99.279
131	2	0.0337439	97.402	97.238		181	1	0.016872	99.443	99.298
132	4	0.0674878	97.469	97.313		182	1	0.016872	99.460	99.317
133	5	0.0843597	97.554	97.385		183	1	0.016872	99.477	99.336
134	5	0.0843597	97.638	97.456		184	0		99.477	99.354
135	4	0.0674878	97.705	97.525		185	1	0.016872	99.494	99.371
136	2	0.0337439	97.739	97.592		186	2	0.033744	99.528	99.388
137	3	0.0506158	97.790	97.657		187	0		99.528	99.405
138	3	0.0506158	97.840	97.720		188	0		99.528	99.421
139	4	0.0674878	97.908	97.782		189	0		99.528	99.436
140	4	0.0674878	97.975	97.842		190	0		99.528	99.452
141	4	0.0674878	98.043	97.900		191	1	0.016872	99.544	99.466
142	3	0.0506158	98.093	97.957		192	0		99.544	99.481
143	2	0.0337439	98.127	98.012		193	1	0.016872	99.561	99.495
144	5	0.0843597	98.212	98.066		194	1	0.016872	99.578	99.508
145	3	0.0506158	98.262	98.118		195	0		99.578	99.522
146	6	0.1012317	98.363	98.169		196	2	0.033744	99.612	99.535
147	3	0.0506158	98.414	98.218		197	0		99.612	99.547
148	3	0.0506158	98.465	98.267		198	1	0.016872	99.629	99.559
149	3	0.0506158	98.515	98.313		199	1	0.016872	99.646	99.571
150	2	0.0337439	98.549	98.359		200	0		99.646	99.583

n	h	empirisch % sol	empirisch % soz	mathem % soz		n	h	empirisch % sol	empirisch % soz	mathem % soz
201	0		99.646	99.594		251	0		99.916	99.897
202	0		99.646	99.605		252	0		99.916	99.900
203	1	0.0168719	99.663	99.816		253	1	0.016872	99.933	99.902
204	1	0.0168719	99.679	99.626		254	0		99.933	99.905
205	0		99.679	99.636		255	0		99.933	99.908
206	0		99.679	99.646		256	1	0.016872	99.949	99.910
207	0		99.679	99.656		257	0		99.949	99.913
208	1	0.0168719	99.696	99.665		258	0		99.949	99.915
209	1	0.0168719	99.713	99.674		259	0		99.949	99.917
210	2	0.0337439	99.747	99.683		260	0		99.949	99.919
211	0		99.747	99.691		261	0		99.949	99.922
212	1	0.0168719	99.764	99.700		262	0		99.949	99.924
213	0		99.764	99.708		263	1	0.016872	99.966	99.926
214	0		99.764	99.716		264	0		99.966	99.928
215	0		99.764	99.724		265	0		99.966	99.930
216	1	0.0168719	99.781	99.731		266	0		99.966	99.932
217	1	0.0168719	99.798	99.738		267	0		99.966	99.933
218	0		99.798	99.745		268	0		99.966	99.935
219	0		99.798	99.752		269	0		99.966	99.937
220	1	0.0168719	99.814	99.759		270	0		99.966	99.939
221	0		99.814	99.765		271	0		99.966	99.940
222	0		99.814	99.772		272	0		99.966	99.942
223	0		99.814	99.778		273	0		99.966	99.944
224	2	0.0337439	99.848	99.784		274	0		99.966	99.945
225	0		99.848	99.790		275	1	0.016872	99.983	99.947
226	1	0.0168719	99.865	99.795			0		99.983	0.000
227	0		99.865	99.801			0		99.983	0.000
228	0		99.865	99.806			0		99.983	0.000
229	0		99.865	99.812		365	1	0.016872	100.000	99.995
230	0		99.865	99.817						
231	0		99.865	99.822						
232	0		99.865	99.826						
233	0		99.865	99.831						
234	0		99.865	99.836						
235	1	0.0168719	99.882	99.840						
236	1	0.0168719	99.899	99.844						
237	0		99.899	99.849						
238	0		99.899	99.853						
239	0		99.899	99.857						
240	1	0.0168719	99.916	99.861						
	0		99.916	0.000						
241	0		99.916	99.864						
242	0		99.916	99.868						
243	0		99.916	99.872						
244	0		99.916	99.875						
245	0		99.916	99.878						
246	0		99.916	99.882						
247	0		99.916	99.885						
248	0		99.916	99.888						
249	0		99.916	99.891						
250	0		99.916	99.894						

Summe: 5927

136

Aber wir können diesen extremen "Ecart" (Abweichung)   nach der Formel n = 1 /((36/37) $\wedge$ 365) = 22 040 berechnen. Das heißt: Ein so langes Ausbleiben einer vorbestimmten Nummer wird # nur alle 22 040 Coups einmal vorkommen. Die hier vorliegende Stichprobe wird also in zwei weiteren Tests gleicher Länge wahrscheinlich keinen größeren Ecart produzieren.

Insgesamt soll dieser Testausschnitt folgendes deutlich machen:

-   Die mathematischen Formeln und errechneten Treffer-W-
    Tabellen sind korrekt

-   Die empirische Stichprobe stimmt weitestgehend mit den
    mathematisch-theoretischen Wahrscheinlichkeitsberechnungen
    überein.

-   Es gibt keinen Grund für die Annahme, dass diese Überein-
    stimmung zwischen Empirie und Theorie auch für andere
    Chancengrößen nicht gegeben wäre.

-   Und unsere überprüften, authentischen Roulettzahlen sind
    echte Zufallsprodukte.

Stimmt die durchschnittliche Treffer-W?

Diese empirische Statistik erlaubt uns aber auch, noch eine andere, ziemlich grundsätzliche Frage zu beantworten: die nach der durchschnittlichen Treffer-Wahrscheinlichkeit.

Mathematisch besteht kein Zweifel daran, dass es für die 37 möglichen Zahlen des Rouletts nur eine durchschnittliche Tw von 1/37 geben kann. Aber wird sie durch unseren Test auch verwirklicht? Dazu haben wir die schon bekannte Tabelle noch einmal umgewandelt, um für jeden der 5 927 einzelnen Angriff die benötigte Anzahl an Coups zu ermitteln. Diese Zahl bewegt sich zwischen 1 und 365 Coups. Wird hier aber auch schon der Durchschnitt von 37 Coups je Angriff erreicht?

Die Antwort lautet: Nein! Auch fast 6 000 Versuche bewegen sich noch im Bereich der "kleinen Zahlen", sind also nur als Stichprobe anzusehen. Denn der empirisch ermittelte Durchschnittswert beträgt hier statt 37 nur 35.3 Coups pro Angriff. Wir haben es hier also mit einem für den Spieler günstigen Permanenzverlauf zu tun, denn er hätte im Angriff auf jede Zahl im Mittel nur 35.3 statt 37 "Stücke" einsetzen müssen, um zu treffen.

Da er aber nach den bekannten Spielregeln nur 36 Stücke pro Treffer ausbezahlt bekommt, hätte sich sein Gewinn per Saldo nur auf 0.7 Stücke pro Treffer belaufen. (Hinzu kommt die Trinkgeld-Regel, die bei jedem Treffer auf Plein fällig wird: als sind von 0.7 * 5 927 = 4 149 Stücken Gewinn wieder 5 927 St. für den "Tronc" abzuziehen, so daß am Ende doch ein Verlust von –1778 Stücken entstanden wäre.)

Für Mathematiker eine äußerst befriedigende Feststellung. Aber niemand wird wohl ernsthaft auf die Idee verfallen, in so stupider Weise dem Roulett Gewinne abtrotzen zu wollen.

Wann trifft eine erschienene Nummer wieder ?
Baden-Baden Jan. 1961

n	h	kum	sol	soz		n	h	kum	sol	soz
								4427		
1	145	145	145	145		51	40	4467	2040	90702
2	148	293	296	441		52	39	4506	2028	92730
3	143	436	429	870		53	46	4552	2438	95168
4	126	562	504	1374		54	29	4581	1566	96734
5	147	709	735	2109		55	32	4613	1760	98494
6	143	852	858	2967		56	32	4645	1792	100286
7	140	992	980	3947		57	38	4683	2166	102452
8	143	1135	1144	5091		58	34	4717	1972	104424
9	138	1273	1242	6333		59	41	4758	2419	106843
10	124	1397	1240	7573		60	33	4791	1980	108823
11	142	1539	1562	9135		61	33	4824	2013	110836
12	125	1664	1500	10635		62	23	4847	1426	112262
13	107	1771	1391	12026		63	31	4878	1953	114215
14	91	1862	1274	13300		64	31	4909	1984	116199
15	108	1970	1620	14920		65	24	4933	1560	117759
16	104	2074	1664	16584		66	25	4958	1650	119409
17	109	2183	1853	18437		67	21	4979	1407	120816
18	98	2281	1764	20201		68	23	5002	1564	122380
19	106	2387	2014	22215		69	33	5035	2277	124657
20	88	2475	1760	23975		70	22	5057	1540	126197
21	105	2580	2205	26180		71	25	5082	1775	127972
22	94	2674	2068	28248		72	22	5104	1584	129556
23	99	2773	2277	30525		73	26	5130	1898	131454
24	83	2856	1992	32517		74	35	5165	2590	134044
25	91	2947	2275	34792		75	14	5179	1050	135094
26	80	3027	2080	36872		76	21	5200	1596	136690
27	70	3097	1890	38762		77	18	5218	1386	138076
28	83	3180	2324	41086		78	21	5239	1638	139714
29	80	3260	2320	43406		79	14	5253	1106	140820
30	84	3344	2520	45926		80	24	5277	1920	142740
31	72	3416	2232	48158		81	19	5296	1539	144279
32	71	3487	2272	50430		82	20	5316	1640	145919
33	48	3535	1584	52014		83	14	5330	1162	147081
34	75	3610	2550	54564		84	21	5351	1764	148845
35	57	3667	1995	56559		85	15	5366	1275	148356
36	68	3735	2448	59007		86	12	5378	1032	149877
37	56	3791	2072	61079		87	17	5395	1479	149835
38	59	3850	2242	63321		88	17	5412	1496	151373
39	57	3907	2223	65544		89	16	5428	1424	151259
40	47	3954	1880	67424		90	8	5436	720	152093
41	67	4021	2747	70171		91	18	5454	1638	153731
42	63	4084	2646	72817		92	14	5468	1288	155019
43	44	4128	1892	74709		93	7	5475	651	154382
44	57	4185	2508	77217		94	13	5488	1222	156241
45	53	4238	2385	79602		95	19	5507	1805	156187
46	42	4280	1932	81534		96	14	5521	1344	157585
47	39	4319	1833	83367		97	11	5532	1067	157254
48	34	4353	1632	84999		98	8	5540	784	158369
49	37	4390	1813	86812		99	9	5549	891	158145
50	37	4427	1850	88662		100	12	5561	1200	159569

n	h	kum	sol	soz		n	h	kum	sol	soz
101	6	5567	606	160175		151	3	5844	453	193859
102	6	5573	612	160787		152	2	5846	304	194163
103	9	5582	927	161714		153	4	5850	612	194775
104	10	5592	1040	162754		154	1	5851	154	194929
105	9	5601	945	163699		155	3	5854	465	195394
106	8	5609	848	164547		156	5	5859	780	196174
107	6	5615	642	165189		157	3	5862	471	196645
108	8	5623	864	166053		158	3	5865	474	197119
109	4	5627	436	166489		159				
110	7	5634	770	167259		160	2	5867	320	197439
111	12	5646	1332	168591		161	1	5868	161	197600
112	9	5655	1008	169599		162				
113	9	5664	1017	170616		163				
114	10	5674	1140	171756		164	2	5870	328	197928
115	6	5680	690	172446		165	5	5875	825	198753
116	9	5689	1044	173490		166	2	5877	332	199085
117	8	5697	936	174426		167	1	5878	167	199252
118	4	5701	472	174898		168	2	5880	336	199588
119	3	5704	357	175255		169	2	5882	338	199926
120	6	5710	720	175975		170	1	5883	170	200096
121	14	5724	1694	177669		171	2	5885	342	200438
122	3	5727	366	178035		172	3	5888	516	200954
123	7	5734	861	178896		173				
124	6	5740	744	179640		174				
125	5	5745	625	180265		175	1	5889	175	201129
126	7	5752	882	181147		176				
127	5	5757	635	181782		177				
128	4	5761	512	182294		178	2	5891	356	201485
129	5	5766	645	182939		179	1	5892	179	201664
130	5	5771	650	183589		180	1	5893	180	201844
131	2	5773	262	183851		181	1	5894	181	202025
132	4	5777	528	184379		182	1	5895	182	202207
133	5	5782	665	185044		183	1	5896	183	202390
134	5	5787	670	185714		184				
135	4	5791	540	186254		185	1	5897	185	202575
136	2	5793	272	186526		186	2	5899	372	202947
137	3	5796	411	186937		187				
138	3	5799	414	187351		188				
139	4	5803	556	187907		189				
140	4	5807	560	188467		190				
		5807								
141	4	5811	564	189031		191	1	5900	191	203138
142	3	5814	426	189457		192				
143	2	5816	286	189743		193	1	5901	193	203331
144	5	5821	720	190463		194	1	5902	194	203525
145	3	5824	435	190898		195				
146	6	5830	876	191774		196	2	5904	392	203917
147	3	5833	441	192215		197				
148	3	5836	444	192659		198	1	5905	198	204115
149	3	5839	447	193106		199	1	5906	199	204314
150	2	5841	300	193406		200				

n	h	kum	sol	soz	n	h	kum	sol	soz
201					251				
202					252				
203	1	5907	203	204517	253	1	5923	253	208061
204	1	5908	204	204721	254				
205					255				
206					256	1	5924	256	208317
207					257				
208	1	5909	208	204929	258				
209	1	5910	209	205138	259				
210	2	5912	420	205558	260				
211					261				
212	1	5913	212	205770	262				
213					263	1	5925	263	208580
214					264				
215					265				
216	1	5914	216	205986	266				
217	1	5915	217	206203	267				
218					268				
219					269				
220	1	5916	220	206423	270				
221					271				
222					272				
223					273				
224	2	5918	448	206871	274				
225					275	1	5926	275	208855
226	1	5919	226	207097					
227									
228									
229									
230					365	1	5927	365	209220
231									
232									
233									
234									
235	1	5920	235	207332					
236	1	5921	236	207568					
237									
238									
239									
240	1	5922	240	207808					
241									
242									
243									
244									
245									
246									
247									
248									
249									
250									

Treffer· Summe: 5927   #   35.29948

Treffervorhersagen durch Binomial-Berechnung

Ganz aber anders sehen die Verhältnisse aus, sobald man sich auf die Beobachtung und Verfolgung von *Mehrfachtreffern* konzentriert. Hier kommt die deutliche Ungleichverteilung schon innerhalb kurzer Strecken zum Vorschein. Praktisch kann man hier überhaupt nicht mehr von einer # feststehenden 1/37 – Treffer-W sprechen, weder im Nachhinein – was für Glücksspielprobleme irrelevant ist, sondern wohlgemerkt auch im V o r a u s. Und hier gerate ich wieder in einen heftigen Gegensatz zur herrschenden mathematischen Lehrmeinung. Sehen wir uns aber die nachfolgende strukturierte Tabelle genauer an:

Hier habe ich versucht, aus 370 Coups nicht nur den so genannten Christbaum der vorauslaufenden Nummern in bezug auf seine unterschiedlichen Tw zu analysieren, sondern auch die "Wurzeln" dieses Baumes, also alle Trefferhäufigkeiten *unter* der "Basislinie" des Mittelwertes. Nur dadurch wird klar, dass erst die Summe aller Favoriten und Nachzügler den sehr theoretischen Durchschnittswert von 1/37 Tw ergibt.

Erläuterung der Tabellenspalten von links nach rechts:

h = Häufigkeit des Erscheinens nach BIN
natürlicher Bruch der Tw je h
die genauen Werte des Zählers im Bruch des auf 37 normierten Nenners
die E-Wert Skala
in der Mitte E/Z = die genauen solitären E-Werte je Anzahl Nummern
E = solitäre E-Werte summiert pro h-Zeile
W = solitäre Wahrscheinlichkeitswerte.

Die Summe aller einzelnen E-Werte muss 37 ergeben, die Summe aller Wahrscheinlichkeiten muss 1 betragen.

Erst aus dieser schematischen W-Analyse der BIN-Verteilung nach 370 Coups wird klar, dass die nachgewiesene durchschnittliche Treffer-W von 1/37 sich in Wirklichkeit auf zahlreiche, ganz unterschiedliche Tw verteilt. Und damit ist erwiesen, wie wenig die gemeinhin behauptete Plein-Trefferchance von 1/37 mit dem tatsächlichen Spielverlauf zu tun hat.

Tab 2 BIN-Christbaum

Solitäre Bin-Werte für 37 Zahlen in 370 Coups

h		Zähler genau von 37		mathematisch E/Z (gerundete Menge von Kästchen)					E sol	W sol
20						0.08			0.0812	0.0022
19						0.14			0.1431	0.0039
18						0.246			0.2460	0.0066
17	1/22	21.76	0.5882			0.4515			0.4515	0.0122
16	1/23	23.13	0.625			0.7805			0.7805	0.0211
15	1/25	24.67	0.6667			1.2665			1.2665	0.0342
14	1/26	26.43	0.7143			0.9605	0.9605		1.9210	0.0519
13	1/28	28.46	0.7692		0.904	0.904	0.8863		2.7120	0.0733
12	1/31	30.83	0.8333		0.8863	0.8863	0.8863	0.8863	3.5453	0.0958
11	1/34	33.64	0.9091		1.0666	1.0666	1.0666	1.0666	4.2663	0.1153
10	1/37	37.00 #	#	0.9366	0.9366	0.9366	0.9366	0.936	4.6929	0.1268
9	1/41	41.11	1.1111	0.936	0.936	0.936	0.936	0.936	4.6799	0.1265
8	1/46	46.25	1.25		1.0472	1.0472	1.0472	1.0472	4.1886	0.1132
7	1/52	52.86	1.4286		1.1077	1.1077	1.1077		3.3232	0.0898
6	1/62	61.67	1.6667			1.1504	1.1504		2.3007	0.0622
5	1/74	74.00	2			1.3615			1.3615	0.0368
4	1/93	92.50	2.5			0.6696			0.6696	0.0181
3						0.2627			0.2627	0.0071
2						0.0771			0.0771	0.0021
1			E = Erwartungswert			0.015			0.0150	0.0004
0			Z = Anzahl Zahlen			0.015			0.0150	0.0004
		37.00	h = Häufigkeit innerhalb 370 Coups						37.00	1.000
		#	Summen:	1.8746	6.8863	14.363	8.9972	4.8746	37.00	1/37
									#	

Nirgendwo im favorisierenden Bereich tritt ein Bruch der Größe 1/37 auf, vielmehr trifft dieser nur für die "Basislinie" des Mittelwertes von h 10 zu. Im Bereich der Nachzügler (Restanten) erstreckt sich die Tw von 1/41 bis zur kleinsten h von 4 zum Wert 1/93. Dagegen finden wir im favorisierenden Bereich oberhalb der Mittellinie von h 10 Werte von 1/34 bis hin zu 1/22.

So unterschiedlich groß sind in Wirklichkeit die einzelnen Tw der 37 Zahlen innerhalb 370 Coups. All dies sind wohlgemerkt *vorhersehbare* Treffer-W aufgrund einer *gesetzmäßig* unterschiedlichen Häufigkeits-verteilung nach dem *Gesetz der kleinen Zahlen*. Berechnen lässt sie sich nach der Binomialformel, und erkennen lassen sich die favorisierenden Zahlen durch ein entsprechend geführtes Protokoll. Dadurch können dann also in jedem einzelnen Prüfabschnitt auch die vorlaufenden Zahlen ihrem "Namen" nach identifiziert werden.

Was heute als "bekannt" gilt

Kommen wir zu den heute herrschenden Lehrmeinungen der mathematischen Wissenschaft. Vom kategorischen Unterschied zwischen Glücksspielen und Geschicklichkeitsspielen war schon die Rede. Auffälligerweise hat sich aber ein spezieller Forschungszweig der Mathematik bisher nur im Bereich der *Geschicklichkeitsspiele* etabliert, nämlich als die von John v. Neumann begründete "Spieltheorie".

Als der 23jährige, in Budapest geborene Mathematiker 1926 in Göttingen seinen ersten Vortrag über die "Theorie der Spiele" hielt, wurden seine Ideen damals nur wenig beachtet. Nachdem aber in Zusammenarbeit mit dem amerikanischen Ökonomen Morgenstern v. Neumanns Hauptwerk *"The Theory of Games and Economic Behavior"* ("Spieltheorie und wirtschaftliches Verhalten") erschien, war der Durchbruch gelungen: Ein mathematisches Genie hatte ein Begriffssystem und eine verallgemeinerungfähige Theorie entworfen, an der Generationen von Forschern weiterarbeiten konnten.

Diese "Spieltheorie" erfasst die mathematischen Zusammenhänge für optimales Verhalten (Strategie) in Wettbewerbssituationen. Wirtschaftswissenschaftler, wie der Bonner Nobelpreisträger Prof. Reinhard Selten und sein amerikanischer Kollege Nash, haben die mathematischen Modelle von Geschicklichkeitsspielen weiterentwickelt, nach denen sich Unternehmer und Marktteilnehmer wie Pokerspieler verhalten. Das wissenschaftliche Problem liegt darin, herauszufinden, welche Strategie in welcher Situation zu welchen Ergebnissen führt.

Der Entwicklungsgang der Spieltheorie ist in der Geschichte der Mathematik nichts Ungewöhnliches. Vielmehr gilt er sogar als typisch. Newton und Leibnitz schufen die Grundlagen der Infinitesimalrechnung, deren Ausbreitung Jahrhunderte in Anspruch nahm. Entsprechendes gilt für die Entstehung der Wahrscheinlichkeitsrechnung, an deren Anfang im 17.Jahrhundert bekanntlich Glücksspielprobleme standen, mit denen sich Blaise Pascal beschäftigte. Obwohl sich die heute so bezeichnete "Spieltheorie" John v. Neumanns verselbständigt hat, sollte es doch im logischen Sinne eigentlich nur e i n e gemeinsame "Theorie der Spiele" geben.

Infinitesimalrechnung und Wahrscheinlichkeitsrechnung bilden die zwei Säulen dieser Theorie:

für die deterministischen Abläufe von *Geschicklichkeitsspielen* und die rein zufallsabhängigen Vorgänge von *Glücksspielen.*

Eine der *Spieltheorie* vergleichbare *"Wissenschaft der Glücksspiele"* hat sich aber deshalb nicht entwickelt, weil die hier auftretenden Fragestellungen durch die moderne Wahrscheinlichkeitsmathematik angeblich als bereits beantwortet gelten. Wer sich jedoch in jüngster Zeit Jahrzehnte lang nur mit diesem speziellen Problem der Analyse von Zufallsereignissen beschäftigt hat, kommt zu dem Ergebnis, dass diese Antworten unbefriedigend, wenn nicht regelrecht falsch sind.

So schreibt zum Beispiel der Statistiker Walter Krämer in zwei neueren Büchern zum Stichwort "Roulette":

"Dass nach allgemeiner Auffassung das Roulett ein vergleichsweise *faires* Spiel sei, ist falsch , wie man schon allein an den Spielern ... sehen kann. die abends ....die offiziellen Spielcasinos verlassen. Manche haben leicht gewonnen, einige darunter sogar mehr als leicht, aber die große Mehrzahl hat verloren, und zwar im Durchschnitt mehr als 2.7 Prozent. Denn dieser Verlust von 2,7 Prozent des Einsatzes bezieht sich nur auf ein einziges Spiel, auf einen einzigen Wurf der Kugel in den Kessel des Roulettes. Und welcher Spieler setzt an einem Abend nur ein einziges Mal!"

Wie unwissenschaftlich und falsch diese (in *Die 500 populärsten Irrtümer*) vermeintlich "richtig gestellte" Aussage ist, sollte mindestens seit 1983 dank einer Analyse der *Stiftung Warentest* bekannt sein: dass nämlich das Roulett das f a i r s t e unter allen öffentlich angebotenen Glücksspielen ist. Der durchschnittliche Verlust beträgt danach 2,7 % des Umsatzes, wie wir durch eine Modell-Rechnung nachweisen wollen.

37 mal auf 1 Nummer masse-egale setzen (100 Versuche)

Cp	Satz	Eins	Ausz	Gew.	absol. sol.	Treffer-W % soz.	Eins kum	Aus kum	Diff
1	1	1	36	35	2.703	2.703	100.00	97.30	-2.703
2	1	2	36	34	2.630	5.332	97.30	94.67	-2.630
3	1	3	36	33	2.559	7.891	94.67	92.11	-2.559
4	1	4	36	32	2.489	10.380	92.11	89.62	-2.489
5	1	5	36	31	2.422	12.803	89.62	87.20	-2.422
6	1	6	36	30	2.357	15.159	87.20	84.84	-2.357
7	1	7	36	29	2.293	17.452	84.84	82.55	-2.293
8	1	8	36	28	2.231	19.683	82.55	80.32	-2.231
9	1	9	36	27	2.171	21.854	80.32	78.15	-2.171
10	1	10	36	26	2.112	23.966	78.15	76.03	-2.112
11	1	11	36	25	2.055	26.021	76.03	73.98	-2.055
12	1	12	36	24	1.999	28.020	73.98	71.98	-1.999
13	1	13	36	23	1.945	29.966	71.98	70.03	-1.945
14	1	14	36	22	1.893	31.859	70.03	68.14	-1.893
15	1	15	36	21	1.842	33.700	68.14	66.30	-1.842
16	1	16	36	20	1.792	35.492	66.30	64.51	-1.792
17	1	17	36	19	1.743	37.236	64.51	62.76	-1.743
18	1	18	36	18	1.696	38.932	62.76	61.07	-1.696
19	1	19	36	17	1.650	40.582	61.07	59.42	-1.650
20	1	20	36	16	1.606	42.188	59.42	57.81	-1.606
21	1	21	36	15	1.562	43.751	57.81	56.25	-1.562
22	1	22	36	14	1.520	45.271	56.25	54.73	-1.520
23	1	23	36	13	1.479	46.750	54.73	53.25	-1.479
24	1	24	36	12	1.439	48.189	53.25	51.81	-1.439
25	1	25	36	11	1.400	49.590	51.81	50.41	-1.400
26	1	26	36	10	1.362	50.952	50.41	49.05	-1.362
27	1	27	36	9	1.326	52.278	49.05	47.72	-1.326
28	1	28	36	8	1.290	53.568	47.72	46.43	-1.290
29	1	29	36	7	1.255	54.822	46.43	45.18	-1.255
30	1	30	36	6	1.221	56.043	45.18	43.96	-1.221
31	1	31	36	5	1.188	57.231	43.96	42.77	-1.188
32	1	32	36	4	1.156	58.387	42.77	41.61	-1.156
33	1	33	36	3	1.125	59.512	41.61	40.49	-1.125
34	1	34	36	2	1.094	60.606	40.49	39.39	-1.094
35	1	35	36	1	1.065	61.671	39.39	38.33	-1.065
36	1	36	36	0	1.036	62.707	38.33	37.29	-1.036
37	1	37	36	-1	1.008	63.715	37.29	36.29	-1.008
Cp	Satz	Eins	Ausz	Gew.	sol.	soz.	Eins kum	Aus kum	Diff

Nach 100 Versuchen Stücke: **2357.45** **2293.74** -63.715

Gesamtverlust -63.71

Verlust vom Umsatz: **-0.027** = 2.7 %

Umsatz = Summe aller getätigten Einsätze

Nach 100 Versuchen je 37 max. Coups wird man # insgesamt 63.715 Stücke
verloren haben. Dies entspricht einem # Verlust von 2.70 % vom Umsatz

Roulett ist somit d a s   f a i r s t e aller öffentlich angebotenen Glücksspiele

148

Aber das ist nicht der einzige "akademische Irrtum" auf diesem Gebiet. Das Problem offenbart sich bereits an der "Wurzel" des Glücksspiels, beim Begriff des *Zufalls*. Über dieses Stichwort gibt es eine Unmenge an Literatur, aber Philosophen, Mathematiker und Statistiker haben sich fast immer nur mit den U r s a c h e n des unvorhersehbaren Zufalls beschäftigt, aber offensichtlich kaum je mit den so augenfällig in Erscheinung tretenden W i r k u n g e n von Zufallsketten.

Um etwas über das Wesen des Zufalls zu erfahren, müssen wir uns eingehender über Grundlagen des Glücksspiels machen. Und dazu gibt es zwei sozusagen "amtliche" Definitionen: einmal im Paragrafen 284 des Strafgesetzbuches, - wonach die öffentliche Veranstaltung von Glücksspielen grundsätzlich verboten ist – und es zur Begriffsbestimmung heißt:

> "Glücksspiele sind solche Spiele, in denen die Entscheidung nicht wesentlich von den Fähigkeiten oder den Kenntnissen und vom Grad der Aufmerksamkeit des Spielers bestimmt sind, sondern allein oder hauptsächlich **vom Z u f a l l , nämlich vom Wirken unberechenbarer, dem Einfluss der Beteiligten in ihrem Durchschnitt entzogenen Ursachen"**.

Und da behördlicherseits die exakte Unterscheidung von (konzessionspflichtigen) Glücksspielen – wie zB. R o u l e t t - und (allgemein zugänglichen) Münzautomatenspielen – bei uns in die Zuständigkeit der Physikalisch-Technischen Bundesanstalt (PTB) fällt, gibt es auch von dieser Seite her maßgebliche Gutachten:

> "Über das Zufallsereignis des Kugelfalls beim Roulettspiel kann man aufgrund der Wahrscheinlichkeitsrechnung aussagen, dass **auf Dauer gesehen** die Kugel in jedes Fach gleich häufig einfallen wird. In welcher Reihenfolge sie dies tun wird, ist nicht vorherbestimmbar. Denn das Wesen des Zufalls ist, dass die Ereignisse in regelloser, nicht vorhersehbarer Reihenfolge auftreten. **Aus diesem Grunde ist ein System, nach dem zufällige Ereignisse vorausberechnet werden sollen, u n m ö g l i c h**." (6.9.1965)

Rudolf Vogelsang (*Die Mathematische Theorie des Spiele, 1963*) stellt aus wissenschaftlicher Sicht fest:

> "Jedes Elementarereignis ist völlig unabhängig von dem vorhergehenden. Es gibt k e i n e Wahrscheinlichkeits-Nachwirkung. Selbst wenn 999 mal die Zahl 11 nicht gekommen ist, wird die Wahrscheinlichkeit, dass sie beim 1000. Mal auftritt nicht größer, sondern bleibt 1/37. Umgekehrt ist eine häufig festgestellte Gewinnzahl in späteren Spielen weder benachteiligt noch bevorzugt. Somit gehen alle Überlegungen, die aus der Beobachtung des Spielverlaufs auf künftige Ereignisse schließen, von einer falschen Voraussetzung aus.

> **Es ist unmöglich, die Gewinnchancen beim Roulett zu verbessern."**

(Vogelsang)

Auf jeden Fall gelten die hier zitierten Aussagen zum Glücksspiel und zum Zufall bis heute als gültige Lehrmeinung von Wissenschaft, Gutachtern und Rechtsprechung. Es scheint aber niemand aus den Bereichen Mathematik und Statistik bisher auf die Idee zu kommen, die hier vorgetragenen Grundgedanken in ihrem Wahrheitsgehalt anzuzweifeln.

Ausgerechnet der mathematische Autodidakt Max Woitschach, der zu den frühesten Anfängen der EDV stieß, kam zu anderen Einsichten. Er war es, der die "seit 300 Jahren bekannte und dennoch bis heute fast unbekannt gebliebene" Formel der *Binomialverteilung* des Schweizers Jacob Bernoulli ins Bewusstsein der Öffentlichkeit gebracht hat. Nach Woitschach liegt der eigentliche Grund, dass diese Formel so wenig Beachtung fand, darin, dass man ihre Bedeutung nicht erkannte, "weil man sich über das Wesen des Z u f a l l s nicht im klaren war. Dabei hält er die *B i n o m i a l f o r m e l* für die wichtigste Entdeckung der Wahrscheinlichkeitsrechnung.

Zur Erklärung der Tatsache, dass auf diesem wichtigen Gebiet der analytischen Statistik bis heute ein weißer Fleck geblieben ist, muss allerdings ein wichtiger Grund angeführt werden, den Woitschach nicht berücksichtigt hat: Es gab bis zum letzten Drittel des vorigen Jahrhunderts keine Computer, mit denen man weder die unhandliche BIN-Formel hätte rechnen, noch Simulationen mit Zufallszahlen hätte durchführen können. Das ist ganz offensichtlich der Grund dafür, dass noch bis heute das Wesen des Zufalls mathematisch nicht wirklich erforscht worden ist. Anders lassen sich die gravierenden Fehlinterpretationen von Vertretern der etablierten Wissenschaft nicht erklären.

Der interessierte Leser wird inzwischen verstanden haben, dass Zufallszahlen einer geschlossenen Ereignismenge

weder in "regelloser Reihenfolge" auftreten, sondern in einer durchaus *berechenbaren* **ungleichen Häufigkeit, und dass**

diese Zufallsereignisse in überschaubare kleinen Mengen einem Naturprinzip unter liegen, das eben keinesfalls dem "Gesetz der großen Zahlen", sondern dem bisher nicht erkannten *Gesetz der kleinen Zahlen* **gehorcht.**

Natürlich ist und bleibt das e i n z e l n e Zufallsereignis, weil sein Eintritt durch mehrere, voneinander unabhängige Einflüsse ausgelöst wird, vollkommen unberechenbar, auch wenn sich gleichartige Zufälle wiederholen. Aber "bei solchen Wiederholungen verfangen sich gerade gleichartige und somit gleichwahrscheinliche, also chancengleiche Zufälle in einem Netzwerk logischer Zusammenhänge.

Und eben diese Zusammenhänge bewirken eine ganz bestimmte g e s e t z m ä ß i g e Häufung aller Zufälle!"
(Woitschach)

Diese 30 Jahre alte dezidierte Feststellung hätte doch die mathematische Wissenschaft aufhorchen lassen müssen. Aber man nahm diese revolutionierende Erkenntnis nicht zur Kenntnis, weil der Autor ein Außenseiter war.

Obwohl Max Woitschach in den letzten zwei Jahrzehnten seines Berufslebens als Honorarprofessor an der Fachhochschule Konstanz Unternehmensforschung lehrte, wurden seine fünf wichtigen Bücher über Zufall und Wahrscheinlichkeit von der Fachwelt nicht beachtet.

Auch die zweite, bereits eingangs erwähnte publizierte Fehleinschätzung Rudolf Vogelsangs kann nicht unwidersprochen bleiben: daß eine 999 mal ausgebliebene Roulettzahl auch beim 1000.Wurf noch eine Erscheinens-Wahrscheinlichkeit von 1/37 habe. Diese Aussage ist ebenfalls unwissenschaftlich und wahrscheinlichkeits-mathematisch unhaltbar.

Sobald man aber erkannt hat, dass sich Zufallsereignisse – wie hier exemplarisch Roulett-Trefferzahlen – exakt berechnen lassen und noch dazu über die *Gegenwahrscheinlichkeit*, dh. die Nichttreffer-W, ist es nur logisch, auch die durchschnittlichen Wahrscheinlichkeiten für das *Ausbleiben* einer Chance ermitteln zu können.

Es gehört zwar zum Wesen des Zufalls, dass es vereinzelt größere Abweichungen vom wahrscheinlichen Treffen bzw. Ausbleiben eines Chancenteils geben muß. Sie liegen aber im allgemeinen innerhalb der schon erläuterten 3-Sigma -Schranke, in ganz seltenen Fällen aber auch vereinzelt außerhalb dieses Grenzwertes. Man nennt diese spektakulären Abweichungen "Ausreißer" oder "Phänomene".

Kommen wir nun zurück zu dem Beispiel, dass eine einzelne Nummer auch nach 999 Coups beim 1000.Coup noch die gleiche W von 1/37 besäße. Das dies nicht stimmen kann, wissen wir schon seit der Bekanntschaft mit der exponentialen Treffer-W, die im 1. Coup 2.70 % beträgt. Im zweiten Coup jedoch nimmt zwar die (solitäre) TW schon geringfügig ab, sie beträgt nur noch 2.63 %. Aber soziabel betrachtet, also in Gemeinschaft mit dem vorherigen Coup, steigt die Erscheinens-W bereits auf 5.33 % an. Und sie erreicht im 25.Coup die (von Gustav Harm so genannte) "Halbwertzeit" von 49.59% - oder nach 25.3 Coups genau 50 %, oder nach 37 Coups 2/3 bzw. 63.71 %.

Wenn es sich also jemals ereignen sollte, dass irgend eine Nummer 999 mal nicht erschienen wäre, so könnte dieses Ereignis überhaupt nur innerhalb 771 478 943 000 (7.7 Milliarden) Coups einmal auftreten, weil seine solitäre W so winzig klein und seine soziable W so nahe an 100 % herangekommen wäre, dass dies zu beziffern sinnlos ist. Es zeugt also von einem unbegreiflichen mangelnden Verständnis, wenn sich ein Mathematiker von einem Autodidakten einen so gravierenden Denkfehler vorhalten lassen muß.

Roulettgewinne durch Simulation

Aus den hier vorgelegten Einsichten und Ergebnissen der Zufallsberechnung ergibt sich gewissermaßen zwangsläufig die Möglichkeit, das klassische Glücksspiel *Roulett* in ein intellektuelles *Geschicklichkeitsspiel* umzufunktionieren zu können. Wir wollen deshalb allen Lesern, die ernsthaft an diesem Spiel interessiert sind, nicht vorenthalten, dass sich die gewonnenen Erkenntnisse - entgegen jeder mathematischen Grundüberzeugung - auch in sichere Gewinnmöglichkeiten umsetzen lassen.

Neben der konventionellen Spielbanken gibt es heute auch schon eine große Anzahl von Internet-Casinos, die zumeist im karibischen Raum angesiedelt sind. Die meisten von ihnen bieten wesentlich geringere Minimum-Sätze an, als die deutschen Spielbanken, wo das Minimum bei 2 € liegt und das Maximum bei Plein allgemein beim 50-fachen, nur vereinzelt beim 100-fachen des Grundeinsatzes. In Online-Casinos dagegen beträgt die Spanne bei Plein das 1000-fache, in Australien bei Lasseters sogar das 20 000-fache des Minimums von 1 Cts.

Unter den hier angedeuteten Bedingungen werden ausreichend lange Progressionsstrecken also vor allem in Internet-Casinos geboten, sofern man sich mit relativ kleinen Gewinnausschüttungen pro Treffer begnügt.

Ich will mich hier nur mit Andeutungen begnügen. Ausführlich wurden diese Spielmöglichkeiten mit beachtlichen Gewinnen bereits in meinem Buch *DES ZUFALLS UNBEKANNTES WESEN - Vom klassichen Glücksspiel Roulett durch B e r e c h n u n g zum intellektuellen Geschicklichkeitsspiel -* beschrieben. Danach steht fest, dass man auch die Zufallsentscheide des Rouletts – als Prototyp des Glücksspiels - mit Intelligenz überlisten kann.

Ein Triumph des Geistes über den angeblich "unberechenbaren" Zufall!

Verzeichnis der Quellen-Literatur

Bewersdorff, Jörg *Glück, Logik und Bluff* Mathematik im Spiel – Methoden, Ergebnisse und Grenzen (1998) Vieweg & Sohn, Braunschweig/Wiesbaden

Chateau, Henri, *Standardwert der Roulettewissenschaft* (1926), deutsche Übersetzung von Max Paufler, Globalpress GmbH, Garmisch Partenkirchen

Clarius, Wolfgang.L. Theorie der Roulettesysteme (1965) Globalpress GmbH, Garmisch Partenkirchen

Clarius, Wolfgang.L. *Roulette-Gewinnsysteme* Für das internationale Roulette und Online-Roulette im Internet (2002) , Verlag für Wissenschaft und Forschung, Berlin

Einstein, S. *Roulette – optimales Spielen* – Ein Skriptum, Bonn, o.J.

Ekeland, Ivar *Zufall, Glück und Chaos,* Mathematische Expeditionen (1992) Carl Hanser-Verlag, München, Wien

Faber, Walter *Roulette, Regeln, Tricks Systeme, Chancen (1978)* Mosaikverlag, München

Fleicher, E. *Der Schlüssel, das Handbuch der Progressionen,* deutsche Ausgabe bei E.N. Telatzky, A 2731 Urschendorf/N.Ö.

Gnedenko, B.W. Lehrbuch der Wahrscheinlichkeitsrechnung (1968) Akademie-Verlag, Berlin

Haller, Kurt v. *DIE BERECHNUNG DES ZUFALLS – Grundlagen der Roulettwissenschaft* (1979) Bielefelder Verlagsanstalt, Bielefeld

Haller, Kurt v. *ROULETT-LEXIKON - zugleich Lehrbuch und Tabellenwerk der Wahrscheinlichkeitsmathematik des Rouletts (1994)* Verlagshaus A.Erdl KG Trostberg

Haller, Kurt v. *DES ZUFALLS UNEKANNTES WESEN – Vom klassischen Glücksspiel Roulett durch B e r e c h n u n g zum intellektuellen Geschicklichkeitsspiel -* (2003) Pro Business Verlag, Berlin

Jünger, F.G. *DIE SPIELE (1959)*

Kitaigorodski, A. *Unwahrscheinliches – möglich oder unmöglich? (1977)*
VEB-Fachbuch-Verlag, Leipzig

Knizia, Reiner *Neue Taktikspiele mit Würfeln und Karten* (1990) München
Heinrich Hugendubel Verlag

Koken, C. *ROULETTE, Computersimulation und
Wahrscheinlichkeitsanalyse von Spiel und Strategien (1984)* R.Oldenbourg-
Verlag, München/Wien

Kraus, Kristian *Das Buch der Glücksspiele (1952)* Athenäum-Verlag,
Bonn

Lisch, Ralf *Spielend gewinnen? Chancen im Vergleich* (1983) Stiftung
Warentest, Berlin

Lucke, Herbert *Roulette: lernen und verstehen (1987)* Econ-
Taschenbuchverlag Düsseldorf

Marigny de Grilleau *Ein Stück pro Angriff (1925)* - Ungekürzte
Übersetzung Concentra-Verlag Hannover 1977

Marigny de Grilleau / Kurt v.Haller *Der wissenschaftlich mögliche
Gewinn auf den vielfachen Chancen des Rouletts* Erweiterte deutsche
Bearbeitung 1967, Hamburg

Randow, Gero von *Das Ziegenproblem – Denken in Wahrscheinlichkeiten
(2000)*
Rowohlt Taschenbuchverlag, Reinbek bei Hamburg

Swoboda, Helmut *Knaurs Buch der modernen Statistik (1971)*
Droemersche Verlagsanstalt München/Zürich

Vogelsang, Rudolf *Die mathematische Theorie der Spiele (1963)*
Mathematisch-naturwissenschaftliche Taschenbücher Band 6/7 Ferd.
Dümmlers Verlag, Bonn

Wallis /Roberts *Methoden der Statistik (1969)* Rowohlt Verlag, Reinbek
bei Hamburg

Werntgen, Fritz *Die Gesetze des Zufalls* Globalpress GmbH. Garmisch-Partenkirchen

Werntgen, Fritz *Die unverlierbare Progression (o.J.)* Globalpress GmbH. Garmisch-Partenkirchen

Westerburg, Thomas *Das Geheimnis des Roulette* – Schicksale und Chancen am Spieltisch (1974) Econ Verlag, Düsseldorf

Westerburg, Thomas *Nichts geht mehr – oder: geht wirklich nichts?* Dokumentation im Selbstverlag Bad Harzburg

Woitschach, Max *Strategie des Spiels - Berechenbares und Unberechenbares vom Glücksspiel bis zum unternehmerischen Wettbewerb (1968)* Deutsche Verlagsanstalt, Stuttgart

Woitschach, Max *Wahrscheinlichkeit und Zufall (1973)* Verlag Moderne Industrie, W. Dummer & Co München

Woitschach, Max *Logik des Fortschritts - Unser Leben zwischen Zufall und Plan (1977)* Deutsche Verlagsanstalt, Stuttgart

Woitschach, Max *Lässt sich der Zufall rechnen? (1978)* Nutzen und Grenzen der Wahrscheinlichkeitsrechnung Kosmos-Bibliothek, Frankh'sche Verlagsbuchhandlung Stuttgart

Woitschach, Max *Gödel, Götzen und Computer Eine Kritik der unreinen Vernunft (1986)* Horst Poller-Verlag, Stuttgart